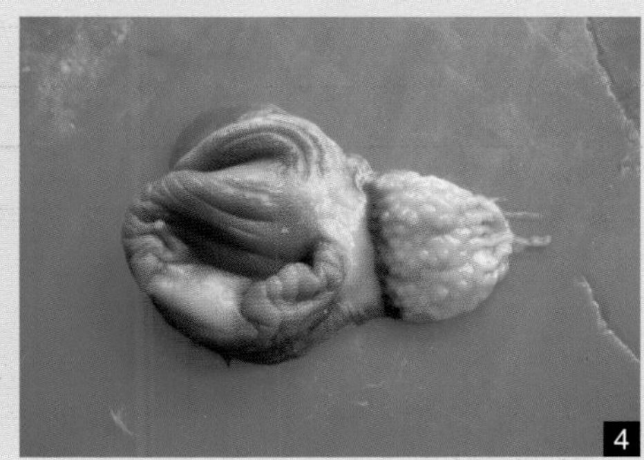

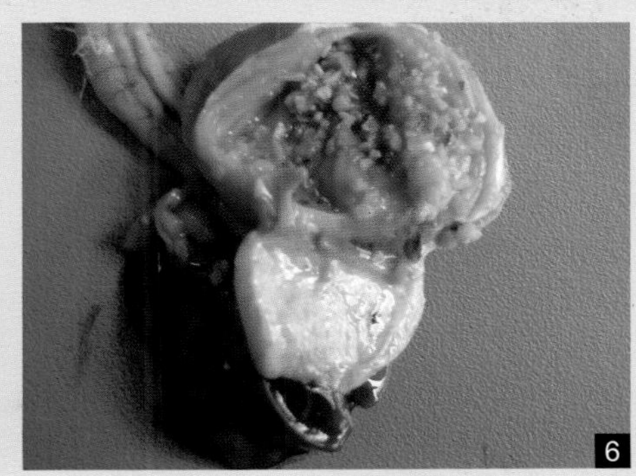

1. 新城疫：扭头神经症状

2. 新城疫：喉头肿胀出血

3. 新城疫：腺胃乳头肿大，乳头尖部潮红充血、出血

4. 新城疫：肌胃、腺胃交界处出血

5. 新城疫：回肠淋巴滤泡肿大、出血

6. 强毒新城疫：腺胃、肌胃交界处出血

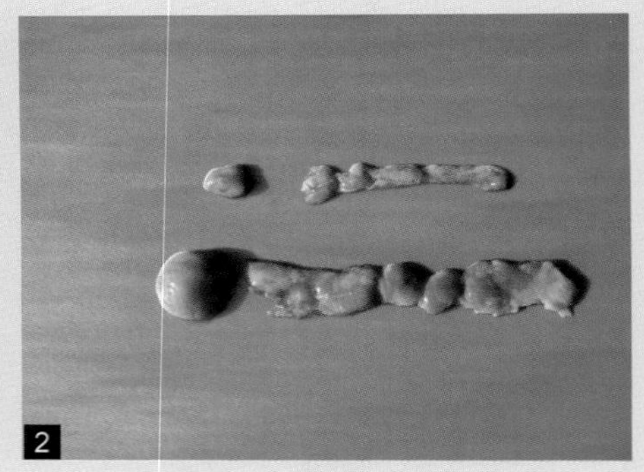

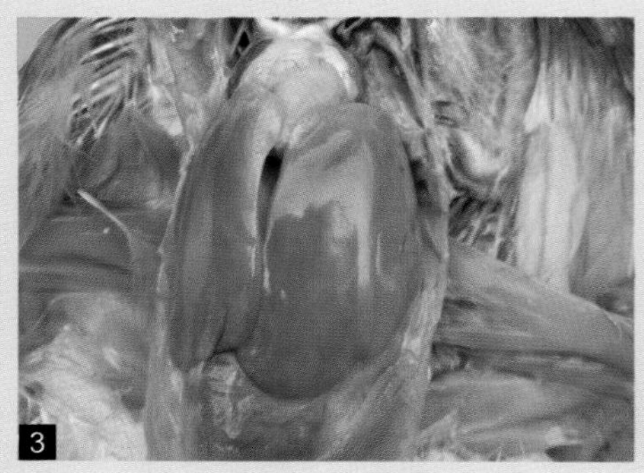

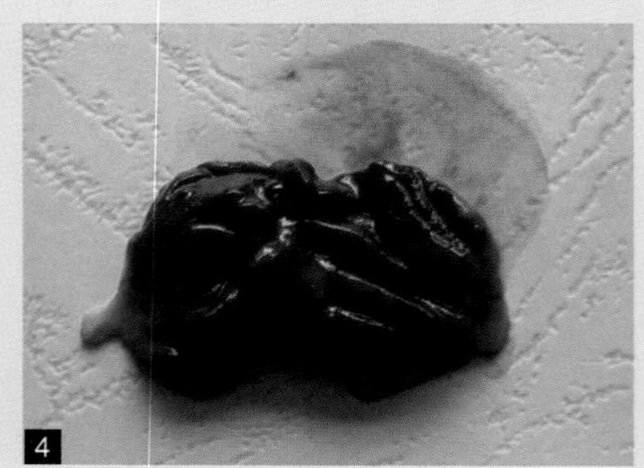

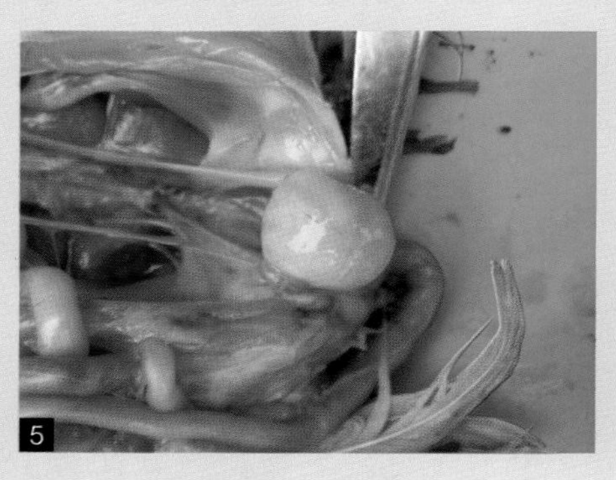

1. 传染性法氏囊病：腿肌片状出血
2. 传染性法氏囊病：胸腺、法氏囊萎缩
3. 传染性法氏囊病：肝脏土黄色变性
4. 传染性法氏囊病：法氏囊囊壁出血
5. 传染性法氏囊病：法氏囊严重水肿、变性，颜色呈黄色
6. 传染性支气管炎：张口伸颈呼吸

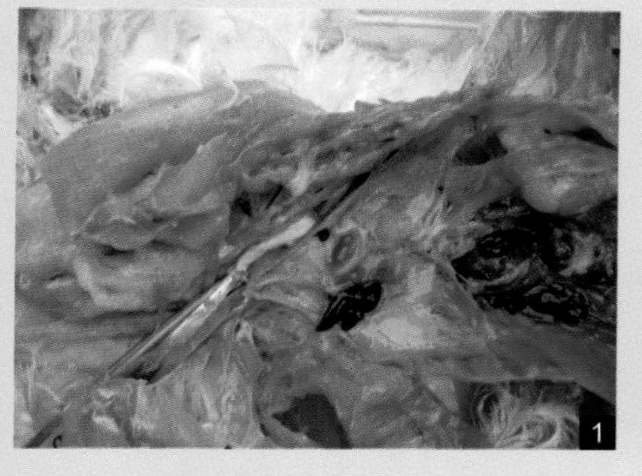

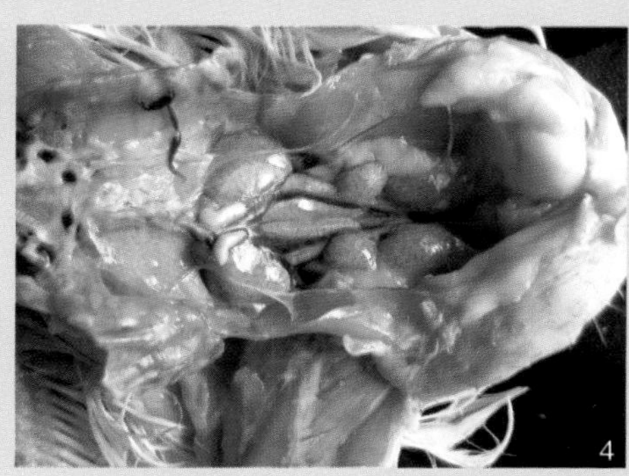

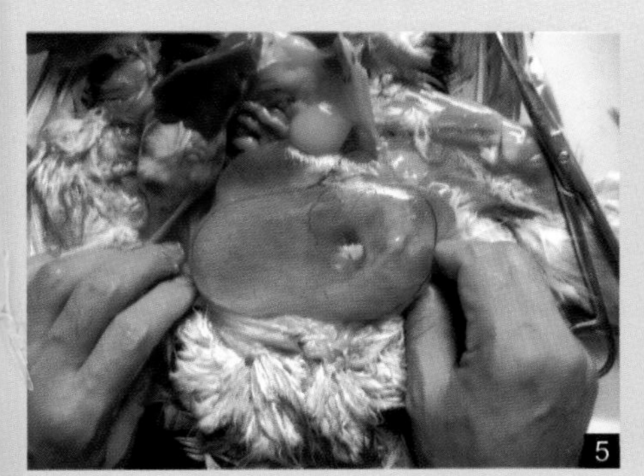

1. 传染性支气管炎：支气管干酪物
2. 传染性支气管炎：雾状蛋、畸形蛋
3. 腺胃型传染性支气管炎：腺胃肿胀
4. 肾型传染性支气管炎：肾脏肿大
5. 生殖型传染性支气管炎：输卵管积液
6. 传染性喉气管炎：呼吸困难

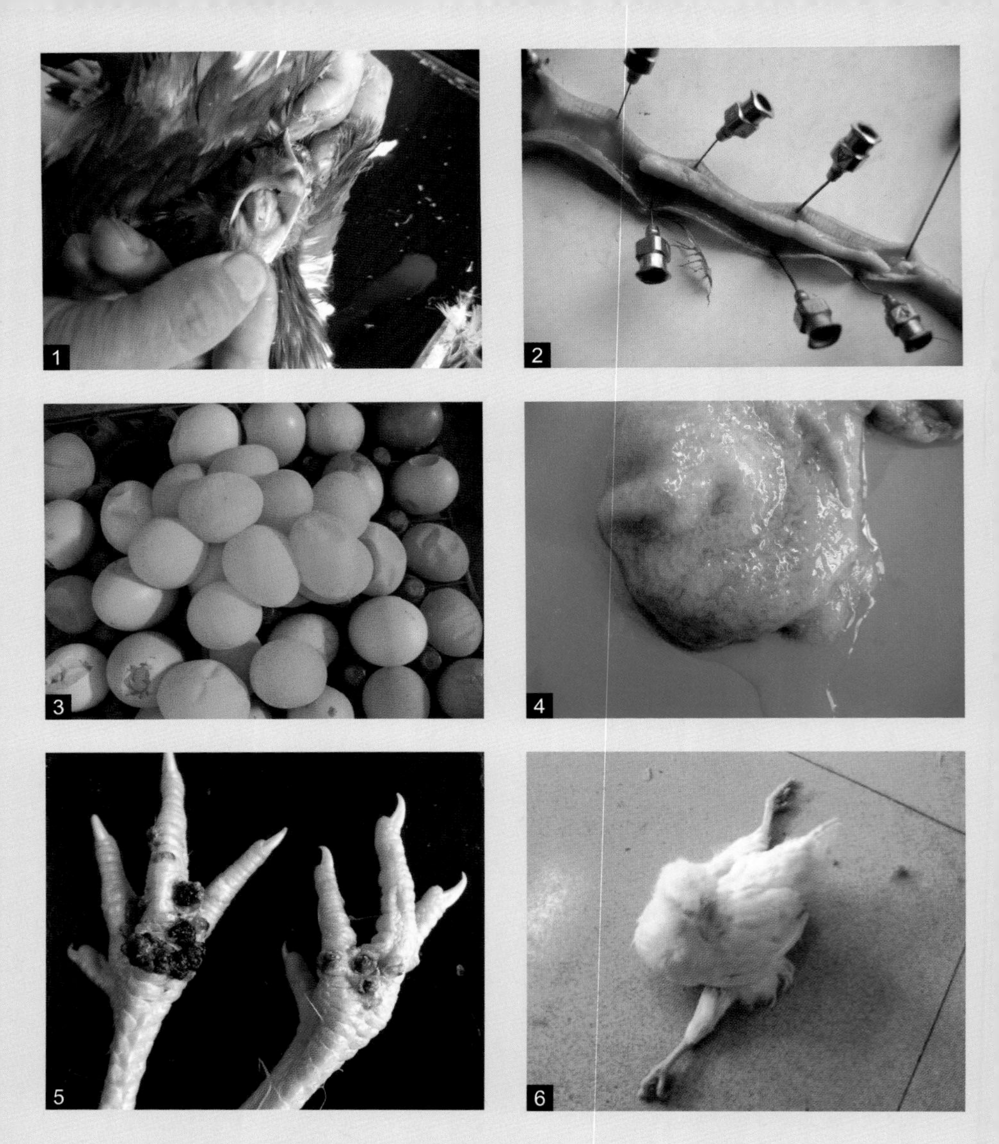

1. 传染性喉气管炎：喉头被黄色干酪物堵塞，呼吸困难
2. 传染性喉气管炎：黄色干酪物堵塞气管
3. 减蛋综合征：产蛋质量下降，蛋壳变薄、变软
4. 减蛋综合征：子宫部肿胀，形成水疱
5. 鸡痘：爪部形成痘斑，破溃出血
6. 神经型马立克氏病：病禽消瘦，呈劈叉姿势

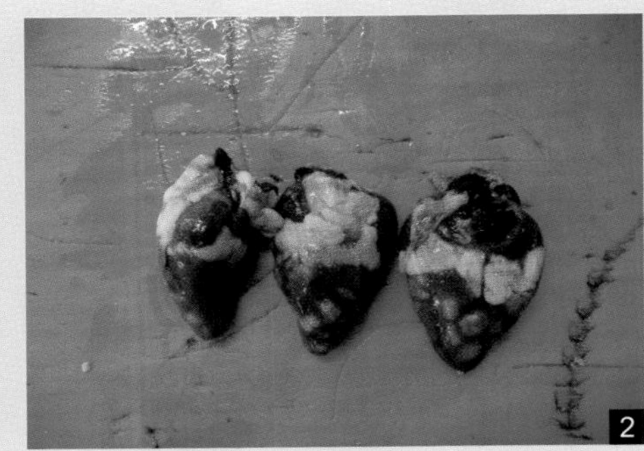

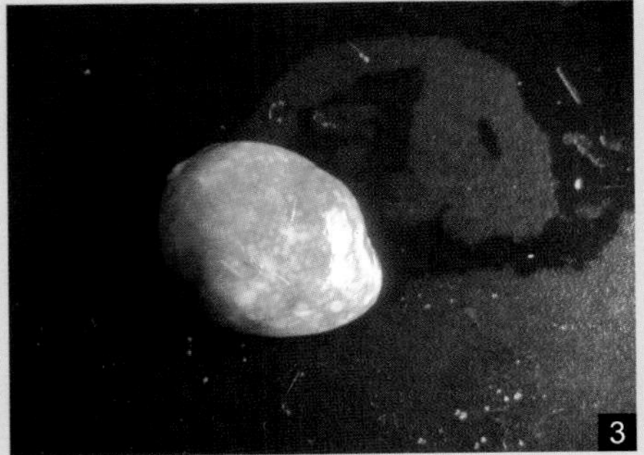

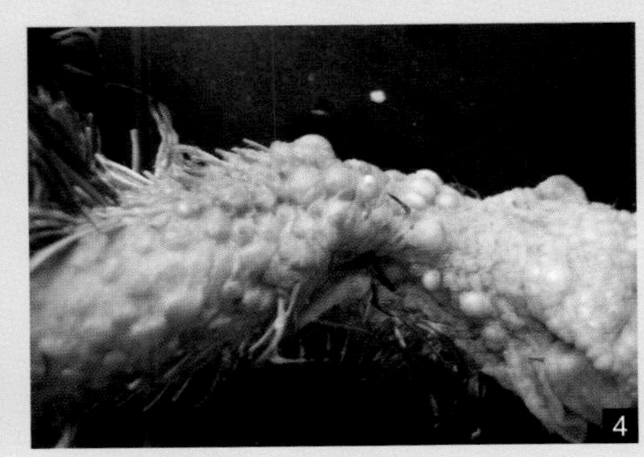

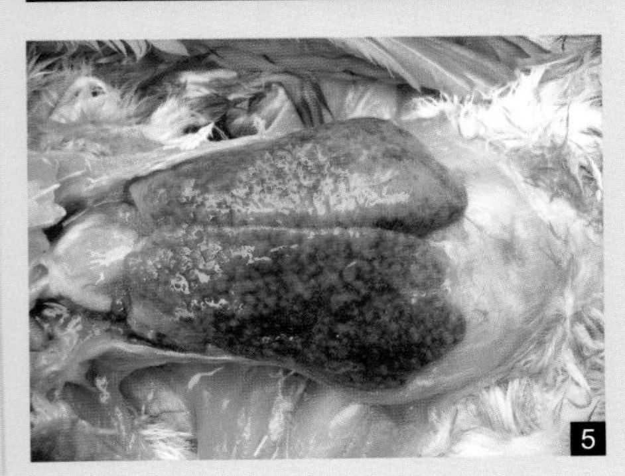

1. 神经型马立克氏病：坐骨神经肿胀变粗
2. 马立克氏病：心脏形成较大的肿瘤结节
3. 马立克氏病：脾脏形成肿瘤，肿胀 2~3 倍
4. 皮肤型马立克氏病：皮肤上密布肿瘤结节
5. 禽淋巴白血病：肝脏形成肿瘤、出血，呈琥珀色
6. 禽白血病：爪部血管瘤破裂出血

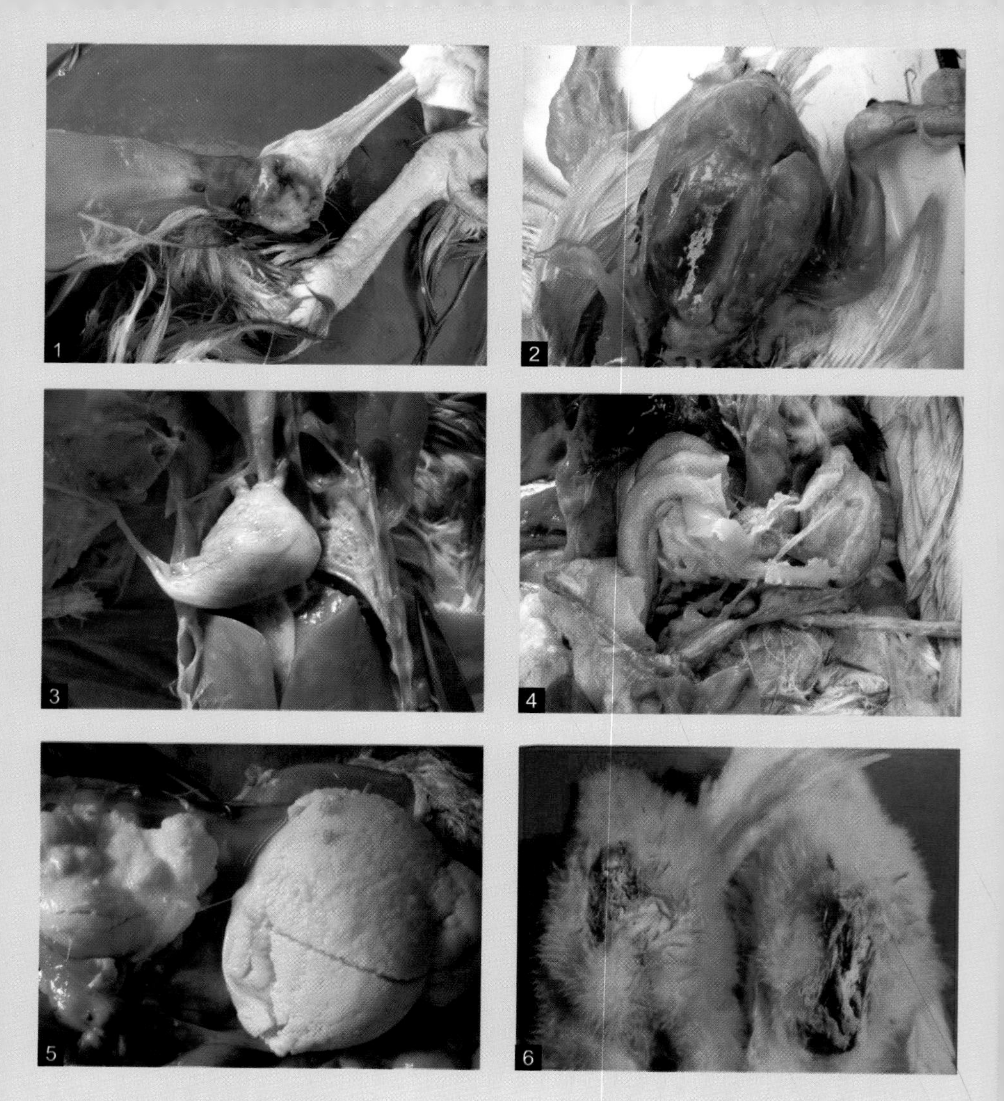

1. 病毒性关节炎：屈伸筋腱出血
2. 大肠杆菌病：肝脏表面有黄色干酪物
3. 大肠杆菌病：心包炎，心包内积有黄色干酪物
4. 大肠杆菌病：卵黄性腹膜炎
5. 大肠菌病：输卵管炎，卵管内形成黄色豆腐渣样分泌物
6. 鸡白痢：糊肛

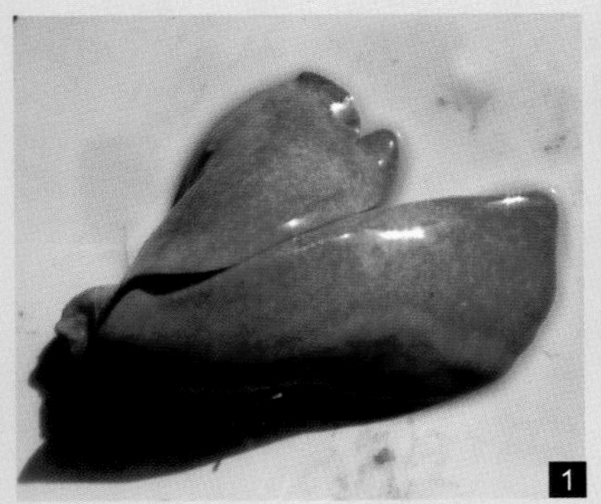

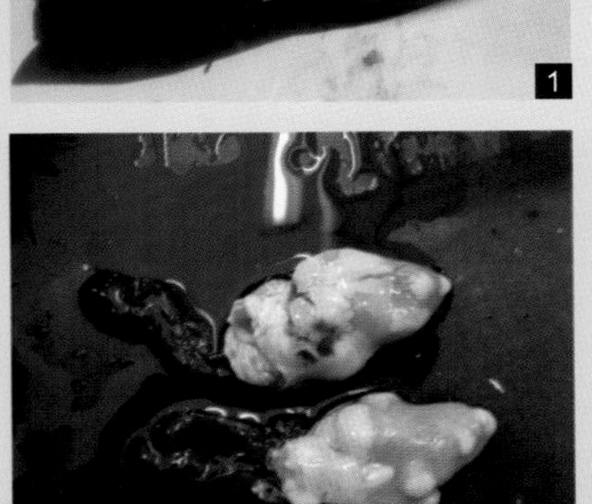

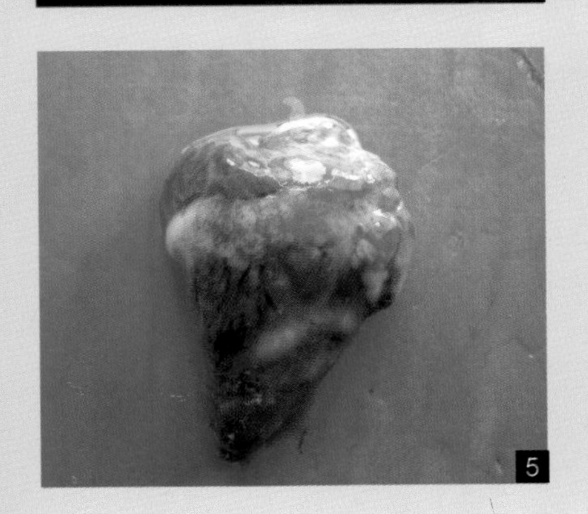

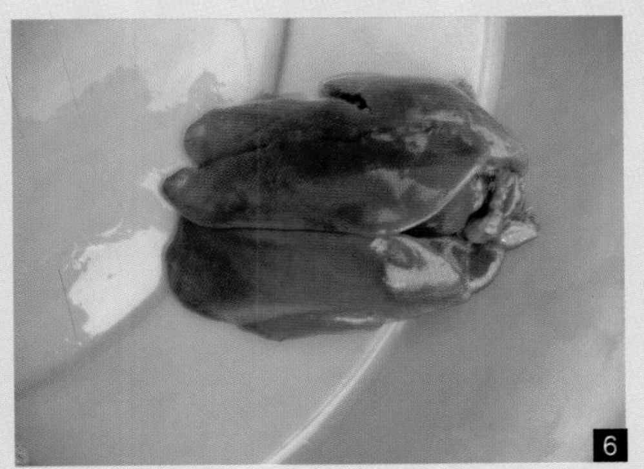

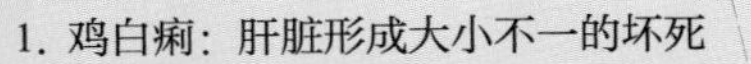

1. 鸡白痢：肝脏形成大小不一的坏死
2. 鸡白痢：脾脏肿胀、坏死
3. 鸡白痢：心脏形成较大的肉芽肿
4. 禽霍乱：胸骨下脂肪点状出血
5. 禽霍乱：冠脂片状出血，心肌出血坏死
6. 禽霍乱：肝脏肿胀、淤血，被摸下针尖样坏死

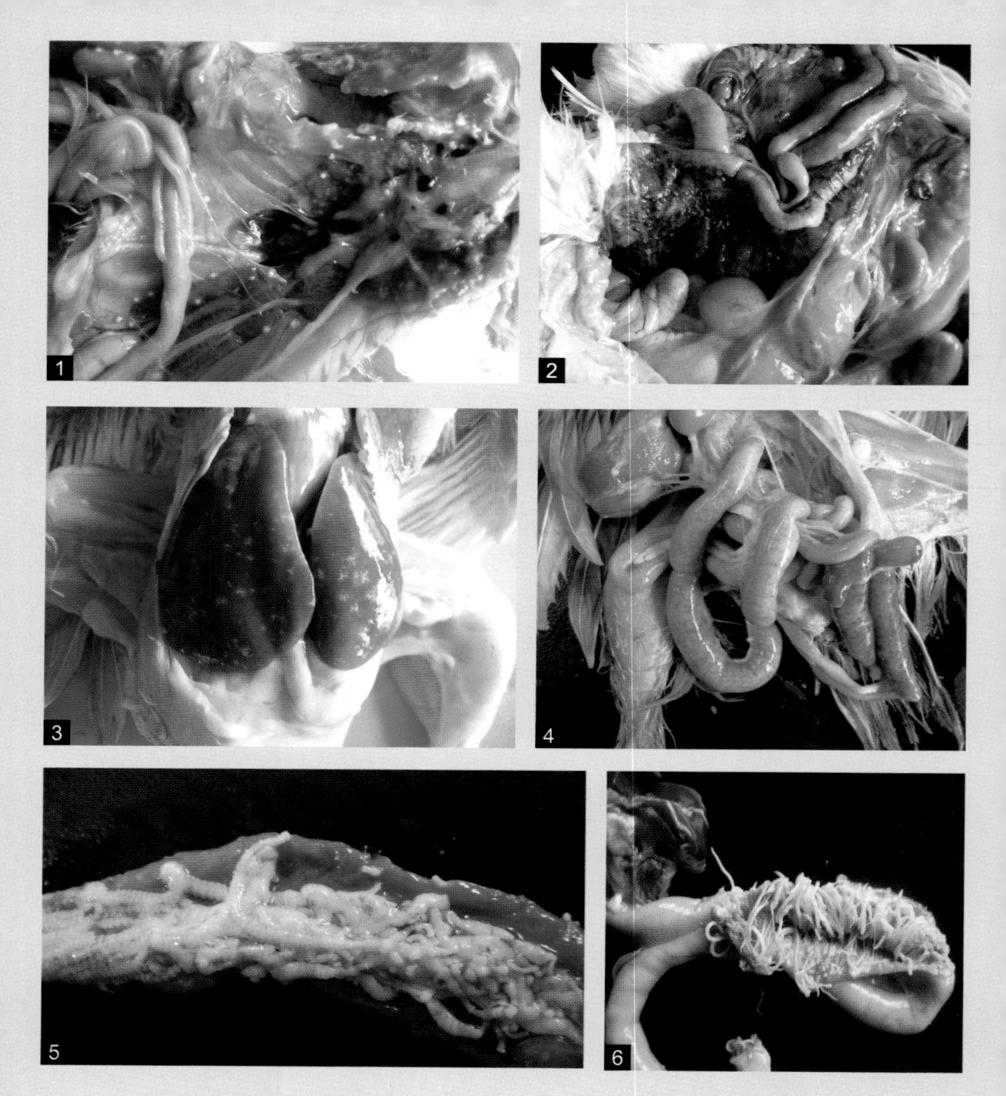

1. 禽曲霉菌病：肺或气囊形成米粒大小的结节
2. 禽曲霉菌病：肠系膜增生、变黑
3. 弧菌肝炎：肝脏形成星芒坏死
4. 球虫病：小肠、盲肠出血
5. 绦虫病：绦虫引起肠道堵塞
6. 线虫病：蛔虫引起肠道堵塞

鸡病
诊治实用技术

JIBING ZHENZHI SHIYONG JISHU

张桂枝 主编

中国科学技术出版社
·北 京·

图书在版编目（CIP）数据

鸡病诊治实用技术 / 张桂枝主编 . —北京：中国科学技术出版社，2018.1

ISBN 978-7-5046-7831-7

Ⅰ. ①鸡…　Ⅱ. ①张…　Ⅲ. ①鸡病－诊疗　Ⅳ. ① S858.31

中国版本图书馆 CIP 数据核字（2017）第 288957 号

策划编辑　王绍昱
责任编辑　王绍昱
装帧设计　中文天地
责任校对　焦　宁
责任印制　徐　飞

出　　版　中国科学技术出版社
发　　行　中国科学技术出版社发行部
地　　址　北京市海淀区中关村南大街16号
邮　　编　100081
发行电话　010-62173865
传　　真　010-62173081
网　　址　http://www.cspbooks.com.cn

开　　本　889mm × 1194mm　1/32
字　　数　151千字
印　　张　6.5
彩　　页　8
版　　次　2018年1月第1版
印　　次　2018年1月第1次印刷
印　　刷　北京威远印刷有限公司
书　　号　ISBN 978-7-5046-7831-7 / S · 708
定　　价　25.00元

本书编委会

主　编

张桂枝

参编人员

靳双星　张新村　陈理盾

Preface 前言

自改革开放以来，我国鸡蛋、鸡肉总产量不断攀升，养鸡业的产业结构不断得到调整和优化，产业优势和布局逐步形成，产业竞争能力明显增强，养鸡业已成为畜牧业生产中发展最快、现代化水平最高的产业之一。然而，随着养鸡规模的扩大，养殖数量的增加疾病问题也接踵而来，而且越来越严重和复杂，特别是隐性感染、混合感染、非典型病例和免疫抑制病等越来越多，给正确诊断和防控带来严峻挑战，严重影响养鸡业的健康发展。笔者根据多年禽病临床诊断实践经验，撰写出《鸡病诊治实用技术》一书，希望给养殖户以帮助。

该书共分8章，涉及50余种常见鸡病，每种疾病从病原、发病原因、流行病学、临床症状、病理变化、诊断及防控措施等方面做了全面详细的介绍，其内容综合了近年来国内外鸡病研究的新成果与新技术，具有科学性、实用性与可操作性，是一本理论与实践相结合、内容全面的工具书。可供广大养殖户、畜牧兽医科技工作者、防疫检疫技术人员、大专院校师生及科学研究专业人员学习参考。

由于编著者水平有限，书中的缺点和不足在所难免，敬请广大读者批评指正。

张 桂 枝

Contents 目录

第一章

鸡病诊治基础知识

一、鸡病分类

鸡病的分类通常按病程长短、病因和患病系统进行分类。

（一）按病程长短分类

可分为最急性型、急性型、亚急性型和慢性型4种。最急性型死亡突然，无明显症状和剖检变化，如禽巴氏杆菌病。急性型病情发展快，病程短则数小时，长则1～2周，并伴有食欲减退、发热等症状，如新城疫。亚急性型是介于急性型和慢性型之间的一种中间类型，临床症状较轻，病程3～4周。而慢性型一类疾病，发病发展缓慢，病程可从5周至半年以上不等，如禽结核病。在临床实践中需引起注意的是，急性、亚急性与慢性之间没有严格的界限，在一定条件下可发生转化，急性型可转变为亚急性型甚至慢性等，而慢性可因病情恶化而呈急性发作。

（二）按病因分类

1. 传染病　由细菌、病毒等微生物侵入鸡体现体内并进行繁殖而引起的为传染病，其又可分为病毒性疾病和细菌性疾病。病毒性疾病是由病毒引起的，其特点传播性，致病力强，抗菌药物治疗无效，如马立克氏病、新城疫、禽流感、传染性法氏囊病、鸡痘、传染性支气管炎、传染性喉气管炎、淋巴细胞白血病、减蛋综合征等。细菌性疾病由细菌感染引起的，如大肠杆菌病、绿脓杆菌病、沙门氏菌病、葡萄球菌病等。

2. 寄生虫病　由各种寄生虫侵入体内或体表而引起，如球虫病、鸡线虫病、绦虫病、组织滴虫病等。

3. 普通病　由一般性病因的作用或某营养物质缺乏所引起，即非传染病。营养缺乏症是由于某种或几种营养缺乏而引起的，如软骨症是由于维生素 A 缺乏而引起；蛋鸡产软蛋、薄壳蛋，是由于钙磷缺乏或不平衡引起；啄羽、脱毛症是由于缺乏含硫氨基酸引起等。生理代谢病是由生理代谢异常造成的，如脂肪肝综合征、痛风等。中毒性疾病有食盐中毒，药物如磺胺类中毒、土霉素中毒，霉菌毒素中毒，氨气、二氧化碳中毒等。

（三）按患病系统分类

为了对疾病进行分析，通常将普通病按呼吸系统、消化系统、生殖系统等主要患病系统进行分类。必须注意，机体是一个完整的统一体，患上某种疾病后对全身器官、系统都会发生影响，只是在某一器官或某一系统内表现明显罢了。

二、鸡病发生原因和条件

（一）病原微生物感染

鸡的很多疾病都是由病原微生物的感染引起的，目前仍是危害最大的一类鸡病，这些疾病不仅可以水平传播，有些疾病可以垂直传播，经种蛋传给下一代，如白血病、传染性脑脊髓炎、病毒性关节炎、支原体病和鸡白痢等，增加了疾病的防控难度。此外，一些传染病，如禽流感、大肠杆菌病、禽副伤寒、禽弯曲杆菌病、禽葡萄球菌病等是人禽共患病，对人类健康有不同程度的

危害，具有重要的公共卫生意义。

（二）寄生虫侵袭

在寄生虫引起的鸡病中，较重要的有球虫病、鸡住白细胞原虫病，放养鸡的蛔虫病、绦虫病、组织滴虫病，以及在环境卫生条件较差情况下出现的鸡螨和鸡虱的感染等。随着养鸡业的集约化和现代化发展，放养鸡将逐渐改为笼养或网养，天然青绿饲料也逐渐被人工配合饲料所替代，地面饲养也逐渐改为离地网养或笼养。近几十年来，寄生虫病的危害正在日渐减轻，但球虫病等一些寄生虫病至今仍在生产中造成巨大的损失。近年来，一些地区由于追求鸡肉质鲜美而将本地杂交黄鸡改为放牧养殖，这部分家禽的线虫病、绦虫病和组织滴虫病已有加重的倾向。

（三）营养代谢障碍

随着家禽营养需要、饲料配方设计和配合饲料加工工艺等技术水平的提高，鸡的增重、产蛋率、孵化率等生产性能已有了很大的提高，大面积、严重的营养缺乏和营养代谢障碍性疾病已较少发生。但有时仍对生产造成一定的损失，原因是多方面的。由于饲养品种繁多，尤其杂交优质肉鸡的新品种和品系不断出现，生产性能也在不断改进和提高，对营养的需要也更高、更精细，以致有时难以全面顾及。饲养方式的改变，鸡由放牧改为圈养后，失去了采食虫草的机会，对钙、磷和蛋白质的要求随之增加了。肉鸡、蛋鸡、种鸡从地面平养改为离地网养或笼养后，原来从垫料、粪便、土壤得到补充的维生素和微量元素将全部由饲料供给。一些人为追求增重、产蛋率等生产性能的提高，盲目滥用或超量使用维生素、矿物质、油脂等能量饲料、氨基酸等，从而引起某些营养成分的过剩、代谢障碍和中毒。鸡由于自身解剖生理和代谢特点，对某些营养代谢性疾病较为敏感。例如鸡体内代谢过程中产生的大量废氮，由于不能将其转化成溶解度比较高的尿素而只能形成

溶解度较低的尿酸，容易发生以尿酸盐析出和沉积为特征的痛风。营养代谢障碍不仅影响了家禽的成活率、增重和产蛋率等生产性能的正常发挥，还直接或间接地影响家禽的免疫力，使家禽对病原微生物和寄生虫更为敏感，这种潜在的危害性必须引起重视。

（四）中　毒

由毒物引起的鸡中毒性疾病时有发生，并在鸡生产中造成不少的损失。例如，在使用磺胺类药物、庆大霉素、卡那霉素、新霉素、痢菌净等防治禽病时剂量过大、使用时间过长引起的药物中毒；在使用杀虫剂驱除鸡螨和鸡虱时，药物浓度过高；将离子载体抗球虫药与泰妙菌素等抗菌药物联合使用；饲料中混有毒鼠药、杀虫剂等有毒物质；在混合饲料中使用过量未去毒的棉籽饼或菜籽饼；使用含有黄曲霉毒的发霉饲料等。

（五）饲养管理不当或应激

尽管目前家禽的饲养管理水平已有了很大的提高，但由于饲养管理不当或应激产生的鸡病仍时常发生。例如，雏鸡冻伤、热应激、严重缺水、过分拥挤引起啄癖；地面不平整或网、笼上突出的铁丝刺引起的皮肤和脚垫的创伤；由于氨气过浓、空气浑浊、垫料过于干燥尘土飞扬而引起的眼结膜炎或上呼吸道症状；产蛋鸡由于受异常声响或陌生人的惊吓跳跃奔跑引起的卵黄性腹膜炎；冬季为了保温而忽视通风透气、长时间缺氧而加剧肉鸡腹水综合征的形成等。

三、鸡病流行特点与规律

（一）鸡病流行特点

第一，新的疾病不断被发现。

随着养鸡业的迅速发展，从国外引进的种禽种类和数量显著增加，尤其是多渠道引种，又不了解被引进国鸡病发生的情况，以及缺乏有效的监测手段和配套措施，在引进种禽的同时也将疾病引进。如近几年新出现的疾病主要有鸡传染性贫血、鸡腺胃型传染气管炎、鸡鼻气管炎、成髓细胞白血病、矮小综合征、肿头综合征等。

第二，疫病出现非典型化。

由于免疫水平不高，尤其是群体免疫水平不一致，再加上一些重大疫病病原体毒力的变化，使原有的老病常以非典型症状和病理变化出现，即非典型化，有时甚至以新的面貌出现，其中最具代表性的是非典型新城疫。

第三，病原毒力或抗原出现新的变化。

在现代养鸡生产中，有些疾病病原的毒力不断增强，出现了强毒或超强毒株，鸡群虽然已免疫接种，仍不能获得保护或保护力不强，导致免疫失败。如马立克氏病病毒毒力逐渐增强，出现了强毒和超级型强毒毒株，还有鸡传染性法氏囊病超强毒、鸡新城疫超强毒株等。有些疾病病原出现新的抗原型，使原来抗原型的疫苗不具有保护力或保护力大大降低，如鸡传染性法氏囊病、肾型传染性支气管炎、高致病性禽流感等。

第四，混合感染增多，病情复杂，危害加大。

在家禽疫病流行过程中，经诊断，约有 50% 以上的疾病都是混合感染或继发感染。在实际生产中，混合感染的类型有病毒与病毒混合感染、病毒性细菌混合感染、细菌与细菌混合感染、病毒、细菌与寄生虫混合感染等。

第五，主要传染病的临床症状多样化。

同一疾病临床症状呈现多种类型同时并存，且各临床症状间相关性很小，自然康复后的交叉保护率很低。如传染性支气管炎有传统的呼吸道型、产蛋下降型、嗜肠道型、嗜腺胃型以及肾型等。马立克氏病有神经损伤型、皮肤型、内脏型、眼型等多种，既有温和的亚临床感染导致免疫抑制，又有造成巨大损失的超强毒株引起的疾病等。

第六，免疫抑制病危害严重。

免疫抑制病种类增多，如鸡传染性法氏囊病毒、马立克病病毒、鸡传染性贫血性病毒，禽网状内皮增生症病病毒，J 亚型淋巴白血病，呼肠孤病毒等。这些疾病主要损害免疫器官和免疫系统，造成体液免疫和细胞免疫抑制，对其他疾病的易感性增高，危害严重。

第七，鸡群抗病力下降，易发应激综合征。

在规模化养鸡场中，生产者为了充分发挥鸡的生产潜能，使鸡群始终处于高度紧张的生产状态，必将使鸡的应激因素增多，从而使得那些敏感鸡体内分泌发生异常，抗病力下降，引发一些在散养条件下不易发生的疫病，如猝死性应激综合征、呼吸道综合征等。

第八，同一临床症状可能有多种原因。

由于病原血清型的改变和新毒株的产生，造成的侵袭范围不断扩大，临床症状也出现多样化，因而出现同一症状的病因更加复杂。腺胃肿大变性可能是马立克氏病、腺胃型传染性支气管炎；脑炎可能是脑脊髓炎、脑炎型鸡白痢、脑炎型大肠杆菌病等。

第九，耐药菌株增多，细菌性疾病防治效果差。

随着养鸡业规模化程度的提高、家禽产品流通量加大、环境污染加剧、各种应激因素的增加，导致鸡对病菌的易感性增强，使细菌性疾病的发生率显著升高；同时，由于长期用药不合理，滥用抗生素和抗菌药物饲料，导致病原菌的耐药性越来越严重，使鸡细菌性疾病如大肠杆菌病、败血支原体及传染性鼻炎等的控制难度加大。

第十，疫病控制和净化难度加大。

许多规模化鸡场缺乏熟悉规模化养鸡疫病防治的兽医技术人员以及相应的疫病监测设备，使得疫病控制不能达到理想的效

果，而且一旦发病很难控制和净化。

（二）鸡病流行规律

1. 群发性　由于集约化饲养使鸡群体之间接触频繁，导致了鸡病发生的群发性，尤其是传染病和代谢病，往往在很短时间内全群发生。

2. 并发性　由于种鸡的不断引进，使新的疫病也随之引入，病原的种类繁多及广泛存在，一旦鸡舍周围环境消毒不严，很容易引起多种病原微生物或寄生虫同时侵入鸡体，使鸡感染2种或2种以上的疾病。因而在诊断时不能只注意某一种有特征症状的疾病而忽视并发病，以免贻误了防治的时机。

3. 继发性　当鸡患传染病、代谢病和寄生虫病时，由于精神不振，采食减少，机体抵抗力下降，一些在正常条件下不致病的因素这时也会致病，且不仅是继发同类疾病，还常常继发其他疾病。如当鸡群发生传染病时，随着病情的发展，可能继发其他传染病。

4. 症状类同性　当鸡发生疾病时，不同疾病常常表现相同的症状，症状方面的特异性差，类同性强，在诊断时要综合分析，充分应用病理解剖和实验室检验等手段，才能做出正确的诊断。

四、鸡病临床诊断

要想达到预防、控制、消灭疾病这一目的，其首要前提是对疾病做出迅速、及时和正确的诊断。错误的诊断必然导致治疗无效。因此，诊断在鸡病的防治过程中占有重要的地位。诊断方法包括：发病情况调查、临床检查、病理剖检、实验室诊断等。

（一）发病情况调查

主要是向熟悉情况的饲养员或养殖户详细询问病史、饲养管

理和治疗情况，查阅有关饲养管理和疾病防治的资料、记录及档案。怀疑是传染病的要进一步做好流行病学调查；怀疑是营养缺乏病的要对饲料情况进行调查；怀疑是中毒性疾病的要对所用药物等进行调查。

1. 发病时间　询问鸡何时患病、病程多长。如果发病突然，病程短急，可能是急性传染病或中毒性疾病；如果发病时间较长，则可能是慢性疾病。

2. 发病数量　病鸡数量少或零星发病，则可能是慢性病或普通病；病鸡数量多或同时发病，有可能患传染病或中毒性疾病。

3. 生产性能　对肉鸡了解其生长速度、增重情况及均匀度；对产蛋鸡应观察产蛋率、蛋重、蛋壳质量及颜色等。

4. 发病日龄　鸡群发病日龄不同，可提示不同疾病的发生。

（1）各种年龄的鸡同时或相继发生同一疾病，且发病率和死亡率都较高，可提示新城疫、禽流感及中毒病。

（2）1月龄内雏鸡大批发病死亡，可能是沙门氏菌病、大肠杆菌病、传染性法氏囊炎、肾性传染性支气管炎等；如果伴有严重呼吸道症状，可能是传染性支气管炎、慢性呼吸道病、新城疫、禽流感等。

5. 饲养管理情况　了解病鸡发病前后采食、饮水情况，鸡舍内通风及卫生状况等是否良好。

6. 用药情况　若用抗生素类药物治疗后症状减轻或迅速停止死亡，可提示细菌性疾病；若用抗生素类药物治疗后无作用，可能是病毒性疾病或中毒性疾病。

7. 流行病学调查　怀疑是传染性疾病，除进行一般调查外，还要进行流行病学调查，内容包括：现有症状调查、既往病史和疫情调查、平时防疫措施落实情况等。

8. 饲料情况调查　对怀疑营养缺乏的鸡群要进行饲料检查，重点检查饲料中能量、粗蛋白质等情况，必要时对各种维生素、微量元素和氨基酸进行成分分析。

9. 中毒情况调查　若饲喂后短时间内大批发病，个体大的鸡发病早、死亡多；个体小的鸡发病晚、死亡少，可怀疑中毒性疾病。中毒性疾病要对鸡群用药进行调查，了解用何种药物、用量、药物使用时间和方法，是否有投毒可能、禽舍是否有煤气、饲料是否霉变等。

（二）病史和疫情

1. 了解既往病史　了解鸡场或鸡群过去发生过什么重大疫情，有无类似疾病发生，其经过及结果如何等情况，借以分析本次发病和过去发病的关系。如过去发生大肠杆菌病、新城疫而未对鸡舍进行彻底消毒，也未进行免疫预防，可怀疑旧病复发。

2. 调查附近的养殖场的疫情　调查附近养殖场（户）是否有与本场相似的疫情，若有可考虑空气传播性传染病，如新城疫、禽流感、鸡传染性支气管炎等。若禽场饲养有 2 种以上禽类，单一禽种发病，则提示为该禽的特有传染病；若所有家禽都发病，则提示为家禽共患的传染病，如禽霍乱、禽流感等。

3. 调查引种情况　有许多疾病是引进种鸡（蛋）传递的，如鸡白痢、霉形体病、禽脑脊髓炎等。进行引种情况调查可提供诊断线索。若新进带菌、带病毒的种鸡与本地鸡群混群饲养，常引起新的传染病暴发。

4. 平时防疫措施落实情况　了解鸡群发病前后采用何种免疫方法、使用何种疫苗，鸡场消毒制度是否完善并得以严格执行。

通过询问和调查，可获得许多对诊断有帮助的第一手材料，有利于做出正确诊断。

（三）临床检查

1. 群体检查　在鸡舍内一角或外侧直接观察，也可以进入鸡舍对整个鸡群进行检查。鸡是一种相对敏感的动物。因此，进入鸡舍时动作宜轻缓，以防止惊扰鸡群。群体检查主要观察鸡群精神状态、运动、采食、饮水、粪便、呼吸以及生产性能等。

（1）鸡群精神状态检查

①正常状态下，鸡对外界刺激反应比较敏感，听觉敏锐，两眼圆睁有神。有一点刺激即头部高抬，来回观察周围动静，严重刺激会引起惊群、压堆、乱飞、乱跑、鸣叫等。

②在病理状态下，鸡一般首先发生精神状态变化，会出现精神兴奋、精神沉郁和嗜睡等。

精神兴奋：鸡群对外界轻微的刺激或没有刺激表现强烈的反应，引起惊群、乱飞、鸣叫等，临床多表现为药物中毒、维生素缺乏等。

精神沉郁：鸡群对外界刺激反应轻微，甚至没有任何反应，表现离群呆立、头颈卷缩、两眼半闭、行动呆滞等。临床上许多疾病均会引起精神沉郁，如雏鸡沙门氏菌感染、禽霍乱、传染性法氏囊病、新城疫、禽流感、肾型传染性支气管炎、球虫病等。

嗜睡：鸡群表现重度的萎靡、闭眼似睡、站立不动或卧地不起，给予强烈刺激才引起轻微反应甚至无反应。可见于许多疾病后期，往往预后不良。

（2）运动状态检查

①正常状态下，鸡行动敏捷活动自如，休息时往往两肢弯曲卧地，起卧自如，有一点刺激马上站立活动。

②病理状态下运动异常如下：

跛行：是临床最常见一种运动异常，临床表现为腿软、瘫痪、喜卧地，运动时明显跛行，临床多见钙磷比例不当、维生素D缺乏、痛风、病毒性关节炎、滑液囊霉形体、中毒等；雏鸡跛行多见于新城疫、脑脊髓炎、维生素E亚硒酸钠缺乏等；肉仔鸡跛行多见于大肠杆菌、葡萄球菌、绿脓杆菌感染等；刚从孵化场运回的雏鸡出现瘫痪，多见于腿部受寒或禽脑脊髓炎等。

劈叉：青年鸡一腿伸向前，一腿伸向后，形成劈叉姿势或两翅下垂，多见神经型马立克氏病，雏鸡出现劈叉多为肉仔鸡腿病。

观星状：鸡的头部向后极度弯曲，形成所谓的“观星状”姿势，兴奋时更为明显，多见于维生素 B_1 缺乏。

扭头：病鸡头部扭曲，在受惊吓后表现更为明显，临床多见于新城疫后遗症。

偏瘫：雏鸡偏瘫在一侧，两肢后伸，头部出现震颤，多见于禽脑脊髓炎。

肘部外翻：家禽运动时肘部外翻，关节变短、变粗，临床多见于锰缺乏。

企鹅状姿势：病鸡腹部较大，运动时左右摇摆幅度较大，像企鹅一样，临床上肉鸡多见于腹水综合征；蛋鸡多见于早期传染性支气管炎或衣原体感染导致输卵管永久性不可逆损伤引起“大档鸡”，或大肠杆菌引起的严重输卵管炎（输卵管内集有大量干酪物）。

趾曲内侧：趾爪弯曲、卷缩、趾曲于内侧，以跖关节着地，并展翅维持平衡，临床多见维生素 B_2 缺乏。

两腿后伸：产蛋鸡早上起来两腿向后伸直，出现瘫痪，不能直立，个别鸡舍外运动后恢复，多为笼养鸡产蛋疲劳症。

犬坐姿势：病鸡呼吸困难时往往呈犬坐姿势，头部高抬，张口呼吸，跖部着地。雏鸡多见于曲霉菌感染、肺型白痢，成鸡多见于喉气管炎、白喉型鸡痘等。

强迫采食：出现头颈部不自主的盲目点地，像采食一样，临床多见于强毒新城疫、球虫病、坏死性肠炎等。

（3）采食状态检查

①正常状态下，鸡的采食量相对比较大，特别是笼养蛋鸡加料后1～2小时可将饲料吃光。观察采食量，根据每天饲料记录就能准确掌握采食增减情况，也可以观察鸡的嗉囊大小，料槽内剩余料的多少和采食时鸡的采食状态等来判断采食情况。如舍内温度较高，采食会减少；舍内温度偏低，则采食量会上升。采食

量减少是反映鸡病最敏感的一个症状，能最早反映鸡群健康状况。

②病理状态下采食量增减直接反映鸡群健康状态，临床多见于以下几种情况：

采食量减少：表现加入料后，鸡采食不积极，吃几口后退缩到一侧，料槽余料过多，比正常采食量下降。临床上许多疾病均能使采食量下降，如沙门氏菌病、禽霍乱、大肠杆菌病、败血型支原体、新城疫、禽流感等。

采食量废绝：多见于禽病后期，往往预后不良。

采食量增加：多见于食盐过量、饲料能量偏低，此外在疾病恢复过程中采食量会出现不断增加，反映疾病好转。

（4）粪便观察 许多疾病均会引起鸡粪便变化和异常。因此粪便检查在临床检查中具有重要意义。

①正常粪便的形态和颜色。正常情况下鸡粪便像海螺一样下面大上面小呈螺旋状，上面有一点白色的尿酸盐，多为棕褐色。鸡有较发达的盲肠，早晨排出稀软糊状的棕色粪便；刚出壳雏鸡尚未采食，排出胎便为白色或深绿色稀薄的液体。

影响粪便性状的生理因素如下：

温度：鸡的粪道和尿道相连于泄殖腔，粪尿同时排出，又无汗腺，体表覆盖大量羽毛。因此室温增高，粪便变相对比较稀，特别是夏季会引起水样腹泻；温度偏低，粪便变稠。

饲料原料：若饲料中加入杂饼杂粕（如菜籽粕）、抗生素药渣，会使粪便发黑；若饲料加入白玉米和小麦，会使粪便颜色变浅变淡。

药物：若饲料中加入腐殖酸钠，会使粪便发黑。

②粪便病理异常。在排除上述影响粪便的生理因素、饲料因素、药物因素以外，若出现粪便异常，多为病理状态，临床多见有粪便性质、颜色的变化及粪便异物等。

I. 粪便颜色变化：

粪便发白：粪便稀而发白如石灰水样，在泄殖腔下羽毛被尿

酸盐污染呈石灰水渣样，临床多见痛风、雏鸡白痢、钙、磷比例不当、维生素 D 缺乏，法氏囊炎、肾型传染性支气管炎等。

粪便带鲜血：临床多见于盲肠球虫、啄肛。

粪便发绿：粪便颜色发绿，呈草绿色，临床多见于新城疫感染、伤寒和慢性消耗性疾病（马立克氏病、淋巴白血病、大肠杆菌感染引起输卵管内有大量干酪物）。另外，当鸡舍通风不好、氨气含量过高时，粪便亦呈绿色。

粪便发黑：粪便颜色发暗发黑，呈煤焦油状，临床多见于小肠球虫、肌胃糜烂、出血性肠炎等。

粪便黄绿：粪便颜色呈黄绿色带黏液，临床多见于坏死性肠炎、禽流感等。

西瓜瓤样便：粪便内带有黏液，红似西瓜瓤色，临床多见于小肠球虫、出血性肠炎或肠毒综合征。

粪便带血丝：临床多见于家禽前殖吸虫或啄肛。

粪便颜色变浅：临床多见于肝脏疾病，如盲肠肝炎、包涵体肝炎等。

Ⅱ. 粪便性质变化：

水样稀便：粪便呈水样，临床多见于食盐中毒、卡他性肠炎。

粪便中有大量未消化的饲料：又称料粪，酸臭，临床多见于消化不良、肠毒综合征。

粪便中带有黏液：粪便中带有大量脱落上皮组织和黏液，腥臭，临床多见于坏死性肠炎、禽流感、热应激等。

Ⅲ. 粪便中有异物：

粪便中带有蛋清样分泌物：雏鸡多见于法氏囊病；成鸡多见于输卵管炎、禽流感等。

粪便中带有黄色纤维素性干酪物：临床多见于因大肠杆菌感染而引起的输卵管炎。

粪便中带有白色米粒大小结节：临床多见绦虫病。

粪便中带有泡沫：若雏鸡在粪便中带有大量泡沫，临床多见

于雏鸡受寒或加葡萄糖过量或用时间过长引起。

粪便中带有假膜：在粪便中带有纤维素，脱落肠段样假膜，临床多见于堆氏球虫、坏死性肠炎等。

粪便中带有线虫：临床多见线虫病。

（5）呼吸系统检查 临床上呼吸系统疾病占70%左右，许多传染病均可引起呼吸道症状，因此呼吸系统检查意义重大。

①正常情况下，鸡每分钟呼吸次数为22～30次，计算呼吸次数主要是通过观察泄殖腔下侧的腹部及肛门的收缩和外突来计算。呼吸系统检查主要通过视诊、听诊来完成，视诊主要观察呼吸频率、张嘴呼吸次数、是否甩血样黏条等。听诊主要听群体中呼吸道是否有杂音，在听诊时最好在夜间熄灯后半个小时，鸡已经休息后轻轻进入鸡舍进行听诊。

②病理状态下呼吸系统异常：

张嘴伸颈呼吸：表现呼吸困难，多由呼吸道狭窄引起，临床多见于传染性喉气管炎后期、白喉型鸡痘、支气管炎后期；雏鸡出现张嘴伸颈呼吸，多见于肺型白痢或曲霉菌感染。热应激时也会出现张嘴呼吸，应注意区别。

甩血样黏条：在走道、笼具、食槽等处发现有带黏液血条，临床多见于传染性喉气管炎。

甩鼻音：临床多见于传染性鼻炎、鸡毒支原体等。

呼噜音：当鸡呼吸道内有分泌物、渗出物时会出现呼噜音，临床多见于败血型支原体、传染性支气管炎、传染性喉气管炎、新城疫、禽流感等。

怪叫音：当家禽喉头部气管内有异物时会发出怪音，临床多见于传染性喉气管炎、白喉型鸡痘等。

（6）生长发育及生产性能检查 肉仔鸡、育成鸡主要观察生长速度、发育情况及禽群整齐度。若禽群发育良好，生长速度正常，整齐度基本一致，突然发病，临床多见于急性传染病或中毒性疾病；若禽群发育差，生长慢，整齐度差，临床多见于慢性消耗性疾病、营养缺乏症或因抵抗力差而继发感染其他疾病。

蛋鸡和种鸡主要观察产蛋率、蛋重、蛋壳质量、蛋品内部质量变化。

产蛋率下降：引起产蛋率下降的疾病较多，如减蛋综合征、禽脑脊髓炎、新城疫、禽流感、传染性支气管炎、传染性喉气管炎、大肠杆菌病、沙门氏菌病等。

薄壳蛋、软壳蛋增多及在粪道内有大量蛋清和蛋黄，临床多见钙磷缺乏、钙磷比例不当、维生素 D 缺乏、禽流感、传染性支气管炎、传染性喉气管炎、输卵管炎等。

蛋壳颜色变化：褐壳蛋鸡若出现白壳蛋增多，临床多见钙磷比例不当、维生素 D 缺乏、禽流感、传染性支气管炎、传染性喉气管炎、禽脑脊髓炎等。

小蛋增多：多见于输卵管炎、禽流感等。

蛋清稀薄如水：临床多见于传染性支气管炎、传染性候气管炎、禽脑脊髓炎、减蛋综合征、输卵管炎等。

2. 个体检查　通过群体检查选出具有特征病变个体进一步做个体检查，个体检查内容包括体温检查、冠部检查、眼部检查、鼻腔检查、口腔检查、皮肤及羽毛检查、颈部检查、胸部检查、腹部检查、腿部检查、泄殖腔检查等。

（1）体温检查　体温变化是鸡发病的标志之一，可通过用手触摸鸡体或用体温计来检查。鸡的正常体温为41.5℃（40～42℃）。

病理状态下体温变化：当出现疾病时，首先体温发生变化，包括体温升高和体温下降两种病理状态。

体温升高：在致热源性刺激物作用下，体温中枢神经调节功能发生紊乱，产热和散热平衡受到破坏，产热增多、散热减少而使体温升高，并出现全身症状，称为发热。临床上引起发热性疾病的有很多，许多传染性疾病都会引起鸡体发热，如禽霍乱、沙门氏菌、新城疫、禽流感等。

体温下降：鸡体散热过多而产热不足，导致体温在正常以下，称体温下降。病理状态体温下降多见于营养不良、营养缺乏、中毒性疾病和濒死期。

（2）冠和肉髯检查

①正常状态下鸡的冠和肉髯呈鲜红色，湿润有光泽，用手触诊有温热感觉。

②病理状态下冠和肉髯的变化如下：

冠和肉髯肿胀：临床多见于禽霍乱、禽流感、严重大肠杆菌病和颈部皮下注射疫苗引起。

冠和肉髯苍白：临床上若冠和肉髯不萎缩单纯性出现苍白，多见于白冠病、雏鸡球虫病、弧菌肝炎、啄伤等。

冠和肉髯萎缩：临床多见冠和肉髯由小变大，萎缩，颜色发黄，冠和肉髯无光泽，临床多见于消耗性疾病，如马立克氏病、淋巴白血病、大肠杆菌感染引起的输卵管炎或其他病感染引起的卵泡萎缩等。

冠和肉髯发绀：冠和肉髯呈暗红色，临床多见于新城疫、禽霍乱、呼吸系统疾病等。

冠和肉髯呈蓝紫色：临床多见于高致病性禽流感。

冠和肉髯发黑：临床多见于组织滴虫病。

冠和肉髯有痘斑：多见于禽痘。

冠和肉髯有小米粒大小梭状出血和坏死：临床多见于卡白细胞原虫病。

冠和肉髯有皮屑、无光泽：多见于营养不良、维生素A缺乏、真菌感染和外寄生虫病。

（3）鼻腔检查

①正常情况下，健康鸡的鼻孔无鼻液。检查鼻腔时，检查者用左手固定家禽的头部，先看两鼻腔周围是否清洁，然后用右手拇指和食指稍用力挤压两鼻孔，观察鼻孔有无鼻液或异物。

②病理状态下鼻腔常见异常如下：

透明无色的浆液性鼻液，多见于卡他性鼻炎。

黄绿色或黄色半黏液状鼻液，黏稠，灰黄色、暗褐色或混有血液的鼻液，混有坏死组织、伴有恶臭鼻液，多见于传染性鼻炎。

鼻液量较多，常见于鸡传染性鼻炎、禽霍乱、禽流感、鸡毒支原体感染等。

鸡新城疫、传染性支气管炎、传染性喉气管炎等过程中，亦有少量鼻液。

炼乳样或豆腐渣样分泌物，见于维生素A缺乏。

黄色干酪样渗出物，见于鸡毒支原体感染。

鼻腔内有痘斑，多见于禽痘。值得注意的是，凡伴有鼻液的呼吸道疾病一般可发生不同程度的眶下窦炎，表现眶下窦肿胀。

（4）眼部检查

①正常情况下家禽两眼有精神，两眼圆睁，瞳孔对光线刺激敏感，结膜潮红，角膜白色。在检查眼时注意观察角膜颜色、有无出血和水肿、完整性和透明度，瞳孔情况及眼内分泌物情况。

②病理状态下眼部病变如下：

眼半睁半闭状态：临床多见于传染性喉气管炎、环境中氨气或甲醛浓度过高。

眼部出现流泪：临床多见于传染性眼炎、传染性鼻炎、传染性喉气管炎、鸡痘、支原体感染以及氨气、甲醛浓度过高。

眼角膜充血、水肿、出血：临床多见于结膜炎、眼型鸡痘、禽曲霉菌病、禽大肠杆菌病、支原体感染等。另外当环境粉尘过多时也可以引起，应注意区别。

眼部出现肿胀：严重时上下眼睑结合在一起，内积大量黄色豆腐渣样干酪物。临床多见于传染性眼炎、支原体感染、黏膜型鸡痘、维生素A缺乏，肉仔鸡大肠杆菌病、葡萄球菌病、绿脓杆菌感染等。

眼角膜发红：临床多见副大肠杆菌。

角膜浑浊：严重者形成白斑和溃疡，临床多见于维生素A缺乏、支原体感染、传染性眼炎、黏膜型鸡痘、肉仔鸡大肠杆菌病等。

瞳孔呈现锯齿状：临床多见于眼型马立克氏病。

结膜形成痘斑：多见于黏膜型鸡痘。

（5）面部检查

①正常情况鸡的面部红润，有光泽，特别是产蛋鸡更明显，面部检查注意颜色、是否出现肿胀和皮屑。

②病理状态下面部变化如下：

出现肿胀：若用手触诊面部出现发热，有波动感，临床多见禽霍乱、传染性喉气管炎；用手触诊无波动感多见于支原体感染、禽流感、大肠杆菌病；若两个眶下窦肿胀多见窦炎、支原体感染等。

有大量皮屑：临床多见于维生素A缺乏、营养不良和慢性消耗性疾病。

（6）口腔检查

①口腔检查：用左手固定鸡的头部，右手大拇指向下扳开下喙，并按压舌头，然后左手中指从下颚间隙后方将喉头向上轻压，然后观察口腔。正常情况下鸡的口腔内湿润有少量液体，有温热感。口腔检查时注意上颚裂、舌、口腔黏膜及食道、喉头、气管等的变化。

②病理状态下口腔异常如下：

在口腔黏膜上形成一层白色假膜：临床多见于念珠球菌感染。

口腔黏膜出现溃疡：口腔及食道乳头变大，融合形成溃疡，临床多见于维生素A缺乏。

上颚腭裂处形成干酪物：临床多见于支原体感染、黏膜型鸡痘。

口腔内积有大量酸臭绿色液体：临床多见于新城疫、嗉囊炎和反流性胃炎。

口腔积有大量黏液：临床多见于禽流感、大肠杆菌、禽霍乱等。

口腔积有泡沫液体：临床多见于呼吸系统疾病。

口腔有血样黏条：临床多见于传染性喉气管炎。

口腔积有稀薄血液：临床多见于卡氏白细胞原虫病、肺出血、弧菌肝炎等。

喉头出现水肿出血：临床多见传染性喉气管炎、新城疫、禽流感等。

喉头被黄色干酪物栓子阻塞：临床见于传染性喉气管炎后期。

喉头、气管上形成痘斑：临床多见于黏膜型鸡痘。

气管内有黄色块状或凝乳状干酪物：临床多见支原体感染、传染性支气管炎、新城疫、禽流感等。

舌尖发黑：临床多由药物引起或见于循环障碍性疾病。

（7）嗉囊检查

①囊位于食管颈段和胸段交界处，在锁骨前端形成一个膨大盲囊，呈球形，弹性较大。常用视诊和触诊的方法检查嗉囊。

②病理状态下嗉囊异常如下：

软嗉：其特征是体积膨大，触诊发软、有波动，如将鸡的头部倒垂，同时按压嗉囊，可由口腔流出酸败味液体，临床常见于某些传染病、中毒病；鸡患新城疫时，嗉囊内有大量稀薄液体。

硬嗉：按压时呈面团状，见于缺乏运动、饮水不足或喂单一干料。

垂嗉：嗉囊逐渐增大，总不空虚，内容物发酵有酸味，临床多由饲喂大量粗饲料引起。

嗉囊破溃：临床多见于误食石灰或氢氧化钠引起。

嗉囊壁增厚：多见于念珠菌感染。

（8）皮肤及羽毛检查

①正常情况下，成年鸡的羽毛整齐光滑、发亮、排列匀称，刚出壳雏鸡有纤细的绒毛，皮肤因品种、颜色不同而有差异。

②病理状态下皮肤与羽毛病变如下：

皮肤上形成肿瘤：临床多见于皮肤型马立克氏病。

皮肤形成溃疡：在皮肤上形成溃疡，羽毛易脱落，皮下出

血，临床多见于葡萄球菌病。

皮下出现白色胶样渗出：临床多见于维生素 E、亚硒酸钠缺乏。

皮下出现绿色胶样渗出：临床多见于绿脓杆菌感染。

脐部愈合差、发黑，腹部较硬：临床多见于沙门氏菌、大肠杆菌、葡萄球菌、绿脓杆菌感染引起的脐炎。

羽毛无光泽，容易脱落：临床多见于维生素 A 缺乏、营养不良、慢性消耗病或外寄生虫病。

皮下出现形成脓肿，严重破溃、流脓：临床上多见于外伤或注射疫苗感染引起。

皮下形成气肿：临床多见于外伤导致气囊破裂气体进入皮下引起。

（9）胸部检查

①正常情况下胸部平直，肌肉附着良好，因经济用途不一样，肌肉有差异。肉鸡胸肌发达；蛋鸡胸部肌肉适中，肋骨隆起。在临床检查中注意胸骨平直、两侧肌肉发育情况以及是否出现囊肿等。

②病理状态下胸骨变化如下：

胸骨出现弯曲，肋骨（软骨部分）出现凹陷：临床多见于钙、磷、维生素 D 缺乏，钙磷比例不当、氟中毒等。

胸骨部分出现囊肿：临床多见肉种鸡、仔鸡运动不足或垫料过硬引起。

胸骨呈刀脊状：胸骨肌肉发育差，胸骨呈刀脊状，临床多见于一些慢性消耗性疾病，如马立克氏病、淋巴结白血病及大肠杆菌感染引起的腹膜炎、输卵管炎。

（10）腹部检查

鸡的腹部是指胸骨与耻骨之间所形成的柔软的体腔部分。腹部检查的方法主要通过触诊来检查。

①正常情况下鸡的腹部大小适中，相对比较丰满，特别是产

蛋鸡、肉鸡用手触诊温暖柔软而有弹性，在腹部两侧后下方可触及肝脏后缘；腹部下方可触及较硬的肌胃。在临床过程中应该注意观察腹部的大小、弹性、波动感等。

②病理状态下的腹部异常如下：

腹部变小：临床多见于采食量下降和产蛋鸡停产引起。

腹部增大：若肉鸡腹部容积增大，触诊有波动感，临床多见于腹水综合征；若蛋鸡腹部较大，走路呈企鹅状，临床多见于传染性支气管炎早期、衣原体感染引起的输卵管不可逆病变，导致大量蛋黄或腹水在输卵管内或腹腔内聚集；若雏禽腹部较大，用手触摸较硬，临床多见于大肠杆菌、沙门氏菌感染或早期温度过低引起卵黄吸收差所致。

腹部变硬：临床多见于鸡过肥、腹部脂肪过多聚集引起；若肉鸡触诊腹部较硬且瘦弱，临床多见于大肠杆菌病；产蛋鸡瘦弱，胸骨呈刀背状，腹部较硬且大，临床多见大肠杆菌或沙门氏菌感染引起输卵管内积有大量干酪物所致。

腹部感觉有软硬不均的小块状物体：腹部增温，触诊有痛感，腹腔穿刺有黄色或灰色带有腥臭味、浑浊的液体，多提示卵黄性腹膜炎。

肝脏肿胀至耻骨前沿：临床多见于淋巴白血病。

（11）泄殖腔检查

①正常情况下，泄殖腔周围羽毛净。高产蛋鸡肛门呈椭圆形、湿润、松弛。检查时检查者用手抓住鸡的两腿将其倒悬起来，使肛门朝上，用右手拇指和食指翻开肛门，观察肛道黏膜的色泽、完整性、紧张度、湿度和有无异物等。

②病理状态下，泄殖腔异常变化。

形成假膜：肛门周围发红肿胀，并形成一种有韧性，黄白色干酪样假膜，将假膜剥离后，留下粗糙的出血面，临床常见于慢性泄殖腔炎（也称肛门淋）。

石灰样分泌物：肛门肿胀，周围覆盖有多量黏液状灰白色分

泌物，其中有少量的石灰质，常见于母鸡前殖吸虫病、大肠杆菌病等。

脱肛：肛门明显突出，甚至外翻，并且充血、肿胀、发红或发绀，多见于新开产母鸡应激综合征或难产母鸡不断努责而引起的脱肛症。

泄殖腔黏膜发生出血、坏死：常见于外伤、鸡新城疫。

（四）病理剖检

1. 肌肉组织

（1）正常情况下：肌肉丰满，颜色红润，表面有光泽。临床诊断时应注意观察肌肉颜色、弹性和是否脱水等。

（2）病理状态下肌肉异常变化：

肌肉脱水：肌肉无光泽，弹性差，严重者表现为“搓板状”，临床多见于肾脏疾病引起盐类代谢紊乱而导致的脱水或严重腹泻等。

肌肉水煮样：肌肉颜色发白，表面有水分渗出，变性，弹性差，像沸水烫过一样，临床多见于热应激和坏死性肠炎。

肌肉纤维间形成小米粒大小梭状坏死和出血：临床多见于卡氏白细胞原虫病。

肌肉刷状出血：临床多见于法氏囊病、磺胺类药物中毒。

肌肉上有白色尿酸盐沉积：临床多见于痛风、肾型传染性支气管炎。

肌肉形成黄色纤维素渗出物：腿肌、腹肌变性，有黄色纤维素渗出物，临床多见于严重大肠杆菌病。

肌肉贫血、苍白：临床多见于严重出血、贫血或喙伤。

肌肉形成肿瘤：临床多见于马立克氏病。

肌肉溃烂、脓肿：临床多见于外伤或注射疫苗引起感染。

2. 肝　脏

（1）正常情况下，鸡肝脏颜色深红色，两侧对称，边缘较

锐，在右侧肝脏腹面有大小适中的胆囊。刚出壳的雏鸡，肝脏颜色呈黄色，采食后，颜色逐渐加深。在观察肝脏病变时，应注意肝脏颜色变化，被膜情况，是否肿胀、出血、坏死及有肿瘤。

（2）病理状态下肝脏的异常变化：

肝脏肿大、淤血，肝脏被膜下有针尖大小坏死灶：临床多见于禽霍乱。

肝脏肿大，在被膜下有大小不一坏死灶：临床多见于鸡白痢等。

肝脏肿大，呈铜锈色，有大小不一坏死灶：临床多见于伤寒。

肝脏土黄色：临床多见于传染性法氏囊病、青年鸡磺胺类中毒、产蛋鸡脂肪肝综合征和弧菌肝炎。

肝脏上有榆钱样坏死，边缘有出血：临床多见于盲肠肝炎。

肝脏有星状坏死：临床多见于弧菌肝炎。

肝脏肿大、出血和坏死相间，切面呈琥珀色：临床多见于包涵体肝炎。

肝脏肿大至耻骨前沿：临床多见淋巴白血病。

肝脏形成黄豆粒大小肿瘤：临床多见于马立克氏病、淋巴白血病。

肝脏萎缩、硬化：临床多见于肉鸡腹水综合征后期。

肝脏被膜上有黄色纤维素渗出物：临床多见于鸡大肠杆菌病。

肝脏被膜上有白色尿酸盐沉积：临床多见于痛风和肾型传染性支气管炎。

肝脏被膜上有一层白色胶样渗出物：临床多见于衣原体感染。

3. 气　囊

（1）气囊是禽类呼吸系统的特有器官，是极薄的膜性囊，鸡只气囊共 9 个，单个的锁骨间气囊和成对的颈气囊、前胸气囊、后胸气囊和腹气囊，气囊与支气管相通，可作为空气的贮存器，有加强气体交换的功能。观察气囊时注意气囊壁厚薄，有无节结、干酪物、霉菌斑等。

（2）病理状态下气囊的异常变化：

气囊壁增厚：临床多见于大肠杆菌、支原体、霉菌感染。

气囊上有黄色干酪物：临床多见于支原体、大肠杆菌感染。

气囊形成小泡，在腹气囊形成许多泡沫：临床多见于支原体感染。

气囊形成霉菌斑：临床多见于霉菌感染。

气囊形成黄白色车轮状硬干酪物：临床多见于霉菌感染。

气囊形成小米粒大小结节：临床多见于雏鸡霉菌感染或卡氏白细胞原虫病。

4. 泌尿系统

（1）肾脏位于鸡的腰背部，分左右两叶，每侧肾脏由前、中、后三叶组成，呈隆起状，颜色深红。两侧有输尿管，无膀胱和尿道，尿液在肾中形成后沿输尿管输入泄殖腔与粪便混合一起排出体外。临床上注意观察肾脏有无肿瘤、出血、肿胀及尿酸盐沉积等。

（2）病理状态下肾脏的异常变化：

肾脏实质肿大：临床多见于肾型传染性支气管炎、沙门氏菌病及药物中毒。

肾脏肿大、有尿酸盐沉积，形成花斑肾：临床多见于肾型传染性支气管炎、沙门菌病、痛风、传染性法氏囊病、磺胺类药物中毒等。

肾脏被膜下出血：临床多见于卡氏白细胞原虫、磺胺类药物中毒。

肾脏形成肿瘤：临床多见于马立克氏病、淋巴白血病等。

肾脏单侧出现自溶：临床多见输尿管阻塞。

输尿管变粗、结石：临床多见于痛风、肾型传染性支气管炎、磺胺类药物中毒。

5. 生殖系统

（1）公鸡生殖系统包括睾丸、输精管和阴茎。睾丸 1 对，位

于腹腔肾脏下方，没有前列腺等副性腺。母鸡生殖器官包括卵巢和输卵管，左侧发育正常，右侧已退化。成鸡卵巢如葡萄状，有发育程度不同、大小不一的卵泡；输卵管由漏斗部、卵白分泌部、峡部、子宫部、阴道部5个部分组成。观察生殖系统时注意观察卵泡发育情况、输卵管病变。

（2）病理状态下生殖系统异常变化：

卵巢呈菜花样肿胀：临床多见于马立克氏病。

卵巢萎缩：临床多见于沙门氏菌病、新城疫、禽流感、减蛋综合征、禽脑脊髓炎、传染性支气管炎、传染性喉气管炎等。

卵泡液化呈蛋黄汤样：临床多见于禽流感等。

卵泡绿色并萎缩：临床多见于沙门氏菌病。

卵泡上被一层黄色纤维素性干酪物包围：临床多见于禽流感、严重的大肠杆菌病。

卵泡出血：临床多见于热应激、禽霍乱、坏死性肠炎。

输卵管内积存大量黄色凝固样干酪物、恶臭：临床多见于大肠杆菌感染引起的输卵管炎。

输卵管内积存似凝非凝蛋清样分泌物：临床多见于禽流感。

输卵管内出现水肿，呈热水煮样：临床多见于热应激、坏死性肠炎。

输卵管内膜呈糠麸样，壁上形成小米粒大小红白相间结节：临床多见于卡氏白细胞原虫。

输卵管子宫部分水肿，严重者形成水疱：临床多见减蛋综合征、传染性支气管炎。

输卵管发育不全，前部变薄，积水或积有蛋黄，峡部阻塞：临床多见于雏鸡感染性支气管炎、衣原体。

输卵管系膜形成肿瘤：临床多见于马立克氏病、网状内皮增生。

6. 消化系统

（1）消化系统构成：鸡的消化系统较特殊，没有唇、齿及软腭。上下颌形成喙。口腔与咽直接相连，食物入口后不经咀嚼，借助吞咽经食管入嗉囊。嗉囊是食管入胸腔前扩大而成，主要功能是贮存、湿润和软化饲料。嗉囊收缩，将食物送入腺胃。腺胃体积小，呈短纺锤形，位于腹腔左侧，可分泌胃液。肌胃紧接腺胃之后，肌胃的肌层发达，胃内壁为坚韧的类角质膜。肌胃内有沙砾，起着机械研磨食物的作用。

鸡的肠分为小肠和大肠，但较短。小肠的十二指肠形成一肠袢，位于肌胃右侧；空肠较长，形成花环状的肠袢，悬吊在腹腔右侧；回肠短，以系膜与两条盲肠相连。小肠内肠液的作用与哺乳动物相似。鸡的大肠由两条盲肠和一条短的直肠构成，没有明显的结肠。回肠中的食糜一部分进入盲肠。盲肠中有微生物的发酵作用，其余食糜直接进入直肠。直肠的消化作用弱，主要吸收水分。直肠末端膨大形成泄殖腔，是消化、泌尿和生殖三系统的共同出口，被两行皱褶分为前、中、后 3 部分。前部称粪道，与直肠相接，是贮粪的地方；中部是泄殖道，为输尿管、公禽输精管及母禽输卵管开口处；后部称肛道，其背侧有腔上囊的开口，肛道为消化管的最后一段，以肛门开口于外。临床检查中应注意观察消化系统的内脏是否出现水肿、出血、坏死、肿瘤等。

（2）病理状态下消化系统异常变化

腺胃肿胀，浆膜外出现水肿变性，肿胀呈乒乓球样：临床多见于腺胃型传染性支气管炎、马立克氏病。

腺胃变薄，严重时形成溃疡或穿孔，腺胃乳头变平，严重形成蜂窝状：临床多见于坏死性肠炎、热应激。

腺胃乳头出血：临床多见于新城疫、禽流感、药物中毒等。

腺胃黏膜和乳头出现广泛性出血：临床多见于卡氏白细胞原虫病、药物中毒和肉仔鸡严重大肠杆菌病。

腺胃与肌胃交界处出血：临床多见于新城疫、禽流感、法氏囊病及药物中毒。

腺胃与肌胃交界处出现腐蚀、糜烂：临床多见于药物中毒、霉菌感染。

腺胃与肌胃交界处呈铁锈色：临床多见于药物中毒、肉仔鸡强毒新城疫感染和低血糖综合征。

腺胃与肌胃交界处角质层水肿、变性：临床多见于药物中毒。

腺胃与食道交界处出血：临床多见于传染性支气管炎、新城疫、禽流感。

食道出血：临床多见于药物中毒，禽流感。

食道形成一层白色假膜：临床多见于念珠菌感染和毛滴虫病。

肌胃变软，无力：临床多见于霉菌感染、药物中毒。

肌胃角质层糜烂：临床多见于霉菌感染、药物中毒。

肌胃角质层下出血：临床多见于新城疫、禽流感、霉菌感染或药物中毒。

小肠肿胀，浆膜外有点状出血：临床多见于小肠球虫病。

小肠壁增厚，有白色条状坏死，严重时形成假膜：临床多见于堆式球虫或坏死性肠炎。

小肠出现片状出血：临床多见禽流感、药物中毒。

小肠出现黏膜脱落：临床多见坏死性肠炎、热应激或禽流感。

十二指肠腺体、盲肠扁桃体、淋巴滤泡出现肿胀、出血，严重的形成纽扣样坏死：临床多见于新城疫感染。

肠壁形成米粒大小结节：临床多见于慢性沙门氏菌病、大肠杆菌病引起的肉芽肿，以直肠最明显。

盲肠内积存鲜红色血液，盲肠壁增厚、出血，盲肠体积增大：临床多见于盲肠球虫。

盲肠内积存黄色干酪物，呈同心圆状：临床多见于盲肠肝炎、慢性沙门菌病。

胰脏肿胀、出血、坏死：临床多见于禽霍乱、沙门氏菌病、大肠杆菌病或禽流感。

肠道形成肿瘤：临床多见马立克氏病。

7. 呼吸系统

（1）鸡的鼻短，喉口呈缝状，气管较长，有鸣管；肺较小，有三分之一深嵌于肋间膜内，缺乏弹性，无膈膜，胸腹腔相通，靠肋骨、腹腔运动完成呼吸运动。临床检查时，注意呼吸系统的颜色、水肿、出血及实变情况等。

（2）病理状态下呼吸系统异常变化：

肺呈樱桃红色：临床多见于一氧化碳中毒。

肺肉变：在雏鸡多见于肺型白痢、曲霉菌感染；成鸡多见于马立克氏病。

肺部有黄色小米粒大小结节：临床多见于肺型白痢、曲霉菌感染。

肺水肿：临床多见于肉鸡腹水症。

肺部有黄白色较硬豆腐渣样坏死：临床多见于禽结核、霉菌感染、马立克氏病。

肺部有霉菌斑和出血：临床多见于霉菌感染。

支气管内积大量干酪样物或黏液：临床多见于育雏前 7 天湿度过低、传染性支气管炎。

支气管上端出血：临床多见于传染性支气管炎、新城疫、禽流感等。

鼻黏膜出血，鼻腔内积存大量黏液：临床多见传染性于鼻炎、支原体感染等。

喉头水肿：临床多见于传染性喉气管炎、新城疫、禽流感。

气管内有痘斑：临床多见于黏膜型鸡痘。

气管内有血样黏条：临床多见于传染性喉气管炎。

喉头有黄色栓塞：临床多见于传染性喉气管炎、黏膜型鸡痘。

8. 心　脏

（1）鸡的心脏位于胸腔，呈锥形，上面有心耳、外面被心包膜包围，有少量的心包液。观察心脏时，注意心脏的形态、冠脂及其心内外膜、心包情况。

（2）病理状态下心脏异常变化：

冠脂出血：临床多见于禽霍乱或禽流感。

心脏上有米粒大小结节：临床多见于慢性沙门菌病、大肠杆菌病或卡氏白细胞原虫病。

心肌出现肿瘤：临床多见于马立克氏病。

心包内有黄色纤维素性渗出物：临床多见于大肠杆菌病。

心包内积有大量白色尿酸盐：临床多见于痛风、肾型传染性支气管炎、磺胺类药物中毒。

心包积有大量黄色液体：临床多见于一氧化碳中毒、肉鸡腹水综合征、肺炎及心力衰竭。

心脏代偿性肥大、心肌无力：临床多见于肉鸡腹水综合征。

心脏条状变性、心内外膜出血：临床多见于禽流感、心肌炎、维生素 E 缺乏。

（五）实验室诊断

在鸡的疾病临床诊断中，一般通过病史调查、临床检查和病理解剖对大多数疾病可做出初步诊断。但有时疾病缺乏临床特征，必须借助实验室手段或取样品送到相关单位帮助诊断。实验室诊断一般包括病理学诊断、病原学诊断和血清学诊断等。

1. 病理学诊断　采取病死鸡的典型组织器官，将其剪成 1.5～3 毫米 × 5 毫米大小，将组织浸泡在 10%福尔马林溶液或 95%酒精中固定。将固定好的病料切片染色，在显微镜下检查病理变化。鸡病诊断中常做病理组织学检查的包括：马立克氏病、淋巴细胞性白血病检查肿瘤；传染性喉气管炎、包涵体肝炎、禽痘等检查包涵体；禽脑脊髓炎、新城疫等检查脑、脊髓质变。

2. 病原学检查

（1）抹（压）片镜检　将所采集的病料置于载玻片上，制成抹片或压片，不经染色，直接在低倍显微镜下观察。常用此法诊断曲霉菌病、球虫病和其他寄生虫病。

（2）染色片镜检 将病科制成抹片，经干燥、固定和染色后，在显微镜下观察病原体的形态。常用的染色方法有：革兰氏染色法、美兰染色法、瑞氏染色法，此法主要用于细菌性传染病的诊断。

（3）分离培养和鉴定 用人工培养的方法将病料中的病原分离出来，再进一步进行形态、培养特性、生化特性、血清学等方面的检查。细菌、真菌、螺旋体可选择适当的人工培养基，衣原体、病毒等可选用鸡胚或组织培养基进行培养。

（4）动物接种试验 将病料制成悬液，采用适当的方法接种于易感动物体上，然后观察接种动物症状和病变等。

3. 血清学诊断 常用的有凝集试验、琼脂扩散试验、血凝试验、间接血凝试验、血凝抑制试验、补体结合试验、红细胞吸附和吸附抑制试验、病毒中和试验、酶联免疫吸附试验（ELISA）、免疫荧光试验等。

（1）凝集试验

①直接凝集试验 凝集反应即细菌、红细胞等颗粒性抗原与相应的抗体在电解质参与下，相互凝集形成团块，这种现象称为凝集反应。参与反应的抗体称为凝集素，抗原称凝集原。常有平板法、试管法、玻片法及微量凝集法等。

②间接凝集试验 即将颗粒性抗原（或抗体）吸附于与免疫无关的小颗粒（载体）的表面，此吸附抗原（或抗体）的载体颗粒与相应的抗体（或抗原）结合，在有电解质存在的适宜条件下发生凝集现象。亦称被动凝集试验，常用的载体有动物的红细胞、聚苯乙烯乳胶活性炭等，吸附抗原后的颗粒称为致敏颗粒。

（2）血凝和血凝抑制试验 许多病毒能够凝集某些动物和人的红细胞，故可以此来推测待测材料中有无该病毒的存在。而有的能凝集红细胞的病毒，其凝集性可为相应的抗体所抑制，这种抑制具有特异性，故病毒的红细胞凝集抑制试验，可应用标准病毒悬液来检查被检血清中的相应抗体，或应用特异性抗体鉴定新分离的病毒。血凝或血凝抑制试验可用于检测鸡新城疫病毒、禽流感病毒等。

（3）**沉淀试验**　可溶性抗原与相应抗体结合，在有电解质存在时，可形成肉眼可见的白色沉淀线（或物），该过程称为沉淀反应。参与沉淀反应的抗原称为沉淀原，抗体为沉淀素。沉淀反应可分为固相和液相，液相沉淀反应以环状沉淀反应为多见；固相沉淀反应主要有琼脂扩散试验、对流免疫电泳试验。

（4）**红细胞吸附和红细胞吸附抑制试验**　某些病毒如鸡痘病毒，正、副黏病毒等，在培养的细胞内增殖后，可使培养的细胞吸附某些动物的红细胞，而且只有感染细胞的表面吸附红细胞，不感染的细胞不吸附红细胞，因此可以作为这些病毒增殖的衡量指数。红细胞吸附现象也可被特异抗血清所抑制，故可用于病毒的鉴定。

（5）**补体结合试验**　可溶性抗原，如蛋白质、多糖、类脂类、病毒等，与相应抗体结合后，其抗原抗体复合物可结合补体，但这一反应肉眼无法观察到，而是通过加入溶血系统做指示系统，包括绵羊红细胞、溶血素和补体，通过观察是否出现溶血，来判断反应系统是否存在相应的抗原抗体，该过程称补体结合试验。参与补体结合的抗体称补体结合抗体。注意在预备试验及正式试验中，均需已知的强阳性血清、弱阳性血清、阴性血清供滴定补体、滴定抗原或作对照用。

（6）**病毒中和试验**　在鸡的病毒病的诊断工作中，该试验常用于用已知病毒来检测未知血清，也可用已知血清来鉴定未知病毒，还可用于中和抗体的效价测定，其原理是：病毒（抗原）与相应的抗体中和以后，可使病毒丧失感染力，该反应具有高度的种、型特异性，而且一定量的病毒必须有相应量的中和抗体才能被中和。

（7）**免疫标记技术**　利用某些能够通过某种理化因素易于检测的物质标记抗体，这些被标记的抗体与相应的抗原相结合，通

过对标记物的测定，从而确定抗原的存在和定量。该技术目前广泛应用的主要有：免疫荧光技术、同位素标记技术（即放射免疫沉淀技术）和免疫酶标技术（包括ELISA）等。

五、鸡病预防和控制措施

（一）鸡群的隔离

从鸡场建设和卫生管理入手，通过多方面的层层隔离，防止病原微生物污染鸡场，感染鸡群。措施如下：

第一，场内人员尽可能与外界相隔离，执行严格的住场制度，谢绝参观；一切人员进场都必须经过淋洗、消毒、更衣；饲养人员定点工作，杜绝串舍、越区；必须换区工作的人员（包括场内兽医、管理人员）换区前必须再经过淋洗、消毒、更衣。凡从事家禽生产的一切有关人员均不允许在场外饲养家禽、观赏鸟及从事家禽生产的相关业务。

第二，鸡场必须建立防疫屏障与外界相隔离。一般采用围墙，有条件的鸡场可在场区周围设防疫沟和防疫隔离带，鸡舍必须安装防鸟和老鼠的设施，场内各区、区内各舍保持一定间距或者建立防疫屏障。

第三，场内车辆分污染车和洁净车两类，道路也分污道和净道两类。洁净车用于周转饲料、用具等洁净物送往鸡舍；污染车用于粪便、垫料、垃圾、病死鸡等的运送。两类车辆严格分开，划定不同的行车路线，污染车走污道，洁净车走净道。

第四，车辆和用具进场须严格消毒。某一生产区或棚舍内的车辆和用具只能在某一区、棚使用，转区使用必须经严格消毒处理。

第五，实行“全进全出”制度。一个鸡场最好只饲养一个品种、同一日龄的鸡群。综合性鸡场应分区、分舍进行。一些现代

化的养鸡企业则根据生产性能、产品供应的均衡性、规划成若干个鸡场，这样便于“全进全出”制度的实施。另外这些企业实行“一贯制”，即在同一鸡舍内完成从育雏、育成到产蛋、淘汰整个过程；或一批出栏，彻底清除、冲洗、消毒后再闲置1～2周进下一批雏鸡。这样更有利于根除病原体，切断疫病循环感染的机会。一些小规模的农村养鸡户往往忽视这一点而采取所谓“套养”，表面上似乎充分利用了鸡舍、设备，其结果经常是疫病不断，效果适得其反。

（二）鸡场消毒技术

1. 常用消毒设备

（1）喷雾消毒器械　包括喷雾器、高压喷枪、喷雾消毒机及鸡舍喷雾降温系统等设备。常用于带鸡消毒及地面、场地、车辆、工具、人员等的消毒。喷雾器常用于小面积消毒，高压喷枪适用于用具、车辆、场地及鸡舍的冲洗消毒，喷雾消毒机适用于门卫车辆、人员及鸡舍带鸡消毒，喷雾消毒滴在80～120微米。喷雾消毒器械使用的消毒液，应先在一个容器中充分溶解、过滤，以免固体消毒剂不清洁存在残渣堵塞喷雾器的喷嘴。稀释消毒药的溶剂最好是去离子水或蒸馏水，以免堵塞喷嘴。喷雾设备应经常注意维护保养，以延长使用期限。

（2）火焰消毒器　使用火焰消毒器对鸡舍地面、墙壁设备等表面进行瞬间高温燃烧，达到杀灭细菌、病毒、虫卵等的消毒净化目的。在使用火焰消毒器时注意不要喷烧过久，以免将消毒物品烧坏。在消毒时还要有一定的顺序，以免发生遗漏。

2. 消毒程序

（1）车辆消毒　鸡场门口设消毒池，消毒池的长度一般是车轮周长2倍，宽度应与大门同宽，水深10～15厘米，内放2%～3%氢氧化钠溶液或5%来苏儿溶液对轮胎消毒，消毒液3天更换1次，并采用自动喷淋消毒系统用2%氢氧化钠对车身和底盘进行喷雾消毒。

（2）**场区道路消毒** 场区道路应经常清扫，每周用3%氢氧化钠喷洒消毒1～2次。

（3）**人员消毒** 所有进入生产区的人员必须坚持“三踩一更”的消毒制度。即：场区门前踏消毒池、更衣室更衣、消毒液洗手，生产区门前消毒池及各鸡舍门前消毒盆消毒后方可入内。条件具备时，要先沐浴、更衣，再消毒才能入鸡舍内。

（4）**设备、用具消毒** 塑料制成的料槽、饮水器，可先用水冲刷，洗净晾干后再用百毒杀、新洁尔灭、甲酚皂等进行浸泡消毒，在熏蒸前送回鸡舍进行熏蒸消毒。蛋箱、运输用的鸡笼等因传播病原的危险性大，应在运回饲养场前用喷枪或3%氢氧化钠浸泡后晾干进场。

（5）**空舍消毒** 程序如下：

清扫→清洗→喷洒消毒药→熏蒸消毒→喷洒消毒药→干燥→进鸡

鸡舍清扫和冲洗干净后，即可用消毒药物进行喷洒或熏蒸。空舍消毒一般要求使用2～3种不同作用类型的消毒药进行2～3次消毒。第一次消毒可用碱性消毒剂，如1%～4%氢氧化钠或10%石灰乳，粉刷地面、墙壁。第二次消毒可用酚类或氧化剂（过氧乙酸）喷雾消毒。进鸡前2周，将所有设备和用具放入鸡舍，关闭门窗，密闭鸡舍，用甲醛（21毫升/米^3），高锰酸钾（14克/米^3）熏蒸消毒24～36小时。然后打开门窗通风。进鸡前2天再广谱消毒剂（过氧乙酸、碘制剂等）彻底喷雾消毒。

（6）**带鸡消毒** 在10日龄以后即可实施带鸡消毒。一般育雏期每周消毒2次，育成期和产蛋期每周消毒1～2次，发生疫情时每天消毒1次。清除粪便后也要带鸡消毒1次。带鸡消毒由于消毒药直接与鸡体接触因此应选择毒性小、刺激性小且无残留的药物。常用消毒药包括：0.1%新洁尔灭；0.05%百毒杀；过氧乙酸，育雏期0.2%，育成和成禽0.3%；次氯酸钠，0.2%～

0.3%。喷雾量按每立方米 15～25 毫升计算，关闭门窗进行。消毒时喷出的雾滴控制在 80～120 微米，雾滴过大时下降的速度过快，在空气中停留的时间过短，雾滴和空气中的细菌、灰尘结合较少，消毒和净化空气的效果不明显；雾滴过小，雾滴长时间停留在空气中，导致鸡吸入过多的消毒液而出现肺水肿、呼吸困难。为防鸡群应激，房内光线要适当暗一点，动作轻盈一些，消毒后可给鸡群饮一些预防应激的电解物质等。

（7）紧急消毒　当鸡场暴发疫情或周边疫情较严重时，用过氧乙酸、双链季铵盐带鸡消毒每天消毒 1～2 次。鸡场道路、鸡舍周围用 2% 氢氧化钠每 2 天消毒 1 次。当鸡场有鸡群淘汰时应对全场进行 1 次全面的消毒。

（8）死鸡、鸡粪和垫料的消毒　死鸡远离鸡场深埋或焚烧。鸡粪和垫料采用生物热消毒，通过堆积发酵、沉淀池发酵、沼气池发酵等，杀灭粪便、污水、垃圾及垫草等所含病原体。在发酵过程中，由于粪便、污物等内部微生物产生的热量可使温度上升达 60～70℃以上，经过一段时间后便可杀死病毒、细菌、寄生虫卵等病原体，从而达到消毒的目的。

（三）鸡场环境卫生管理

1. 生活区环境卫生管理

大门：清洁干净，周围无垃圾；大门随时关闭，未经特许，谢绝参观，严禁闲杂人员进出。

车棚：清洁干净，无垃圾；车辆整洁，放置有序；有良好的隔离条件和安全措施。

食堂：清洁干净，炊具摆放整齐，每天定期冲洗消毒；工作时，穿戴干净整洁的工作服，室内无鼠迹、苍蝇。

库房：物品摆放整齐，有完备的出入库记录；室内清洁卫生，无垃圾、苍蝇、老鼠，定期熏蒸消毒；防盗防火，确保安全。

垃圾池：每周定期清理 1～2 次，垃圾堆放时间不超过 1 周，

严禁垃圾散落池外；定期灭蝇、灭鼠。

宿舍：舍内干净卫生，物品摆放有序合理，由专人清扫，无垃圾、烟头、痰迹、蜘蛛网、鼠迹。

厕所：整洁干净，无垃圾、烟头、痰迹，每天冲洗消毒（至少1次）；便池干净，无严重臭味。

淋浴室：墙壁、地面干净整洁，墙角、顶棚无蜘蛛网，无霉菌生长；每天至少冲洗消毒1次；及时添加洗发液和香皂；浴室内物品摆放整齐，无跑、冒、滴、漏现象。

2. 生产区环境卫生管理

（1）生产区综合环境卫生管理 场区干净整洁，无垃圾堆、无杂草丛生。暂时不用的工具和物品及时清点入库，不能随意堆放。不能入库的大件物品要堆放整齐、合理，并做好防雨淋、防日晒、防火、防盗等工作，定期除草，及时清理垃圾，有计划地灭鼠、灭蝇。努力搞好绿化、美化工作，力求创造一个优美的生产和工作环境。做好生产区灭鼠工作，每周定期投放或更换灭鼠药；死鼠及时进行无害化处理；生产区不能看到老鼠出没和老鼠粪便，鼠阳性率不超过3%。一年四季，都有相应的灭蝇措施，确保冲洗间、浴室、洗衣房、蛋库、料库等无苍蝇；餐厅、库房、厕所等地苍蝇数不超标；鸡舍外环境，苍蝇数量不超过正常干净的自然环境。

办公室、药房：地面、墙角、屋顶每天清扫、消毒；随时保持地面干净，物品摆放整齐。

料库：屋顶不漏雨，地面不返潮，四周密闭性良好，确保熏蒸消毒效果；饲料入库后，要及时熏蒸消毒，饲料出库后，要及时做好卫生工作，保证地面无垃圾、废料，墙壁、墙角、顶棚无灰尘、蜘蛛网；防盗防火。

蛋库：室内应保持适宜温湿度（温度18℃，空气相对湿度75%）；地面、墙壁干净，无尘土、蜘蛛网，无蛋黄、蛋清等污物；无苍蝇、老鼠，种蛋出入库记录完整，蛋库内种蛋、商品蛋

摆放整齐。

垫料库：屋顶不漏雨，地面不返潮，干燥、防火、安全；有完好的门窗，通风口设铁丝网；周围无杂草、无垃圾。

（2）鸡舍环境卫生管理

操作间门口：整洁干净，无垃圾、废料，不随意堆放杂物；设置脚踏消毒盆，并配备鞋刷，脚踏盆要经常更换消毒液，并根据季节的变化，选择添加适宜的消毒药；平时操作间门要随手关闭，防止野鸟飞入鸡舍。

工具：操作间内设有专门的工具柜和工具箱，常用的工具要分门别类地放入工具柜或工具箱内，暂时不用的工具，可经过消毒后清点入库，不能随意摆放；专用物品（如灭火器）要放在安全显眼的地方。

桌、椅、报表：桌、椅干净整洁；报表、笔、墨、纸张、闹钟等小件物品摆放整齐、合理；每日生产统计报表的填写要求真实、详细、严谨，从场长到饲养员，要求熟练掌握报表的所有内容和用途，遇有疫情发生，要及时向上级汇报，并认真填写相关记录。

地面、墙角、屋顶：每天清扫、消毒地面，随时保持地面干净、干燥、整洁、不积水，无垃圾、烟头、痰迹、废料、鼠类，墙角、屋顶无蜘蛛网。

水箱、水线、加药泵：水箱、水线每周定期清洗消毒1～2次，加药泵也要定期清洗、消毒和保养，配备准确的消毒剂专用量具，由专人负责添加；饮水器具正常，无跑、冒、滴、漏现象。

疫苗、兽药：存放在阴凉、干燥、安全的地方，使用时要检查包装上的商标和有效日期，禁止使用失效或假冒伪劣的产品；疫苗、兽药使用后，要有详细记录，以备检验。

鸡舍：尽量保持舍内四季温度适宜，减少鸡群冷或热应激；温度记录要认真、准确、规范，以备检验。夏季降低舍内空气和垫料湿度，防止病原微生物大量繁殖，危害鸡群健康；冬季，则

尽量增加舍内空气和垫料，减少尘埃产生，最大限度地减少鸡群呼吸道疾病发生。解决好通风与温、湿度的关系，定期为遮光罩、水帘、风机电机、扇叶及风机筐架除尘和保养；最大限度地保证通风，为鸡舍提供新鲜空气，并排出有毒有害气体。育雏、育成期遮光完全，产蛋期光线充足，灯泡干净明亮，灯伞顶部无尘，损坏灯泡及时更换。

（四）免疫接种技术

1. 器　材

（1）材料　包括疫苗、稀释液（生理盐水）。

（2）用具　包括注射器、针头、胶头滴管、刺种针、消毒锅、气雾发生器、空气压缩机等。

2. 疫苗保存　各种疫苗均应保存在低温、避光、干燥的场所。灭活苗及油乳剂灭活苗等应保存在2～8℃，防止冻结；弱毒疫苗一般应在-15℃以下保存，目前市场上已有一些添加耐热保护剂的弱毒疫苗可在2～8℃保存。

3. 疫苗运送　要求包装完善，防止碰坏包装瓶和散播活的弱毒病原体。运送途中避免日光直射和高温，防止反复冻融，并尽快送到保存或预防接种场所。弱毒疫苗应使用冷藏箱或冷藏车运送，以免其效价降低或丧失。

4. 疫苗使用前检查　各种疫苗在使用前，均需仔细检查。凡无标签、标签残缺不全或字迹模糊不清的；过期失效的；疫苗性状与说明书不符的，如色泽变化，出现不应有的沉淀、异物、发霉或异常气味的；瓶塞松动或瓶体破裂；未按规定方法保存和运输的，均不可使用。经过检查确实不能使用的疫苗，应立即废弃，不能和可用疫苗混放在一起。废弃的弱毒疫苗均应煮沸消毒焚烧或深埋。

5. 免疫接种方法　主要有皮下注射法、肌内注射法、刺种法、毛囊涂搽法、泄殖腔接种法、滴鼻与点眼法、饮水免疫法、

气雾免疫法等。

（1）**皮下注射法**　雏鸡常选择颈背侧皮下部，育成或成年鸡常选择股内侧皮下部。左手握住雏鸡，使其头部朝前腹弯下，用食指与拇指将其头颈部背侧皮肤捏起，右手持注射器由前向后使针头近于水平从皮肤隆起处刺入皮下，注入疫苗。

（2）**肌内注射法**　注射部位常取胸肌、翅膀肩关节四周的肌肉或腿部外侧的肌肉。胸肌内注射射时，从龙骨突出的两侧沿胸骨呈 30°～45°刺入，避免垂直刺入，以免刺入胸腔，伤及内脏器官。腿部肌内注射时，朝鸡体方向刺入外侧肌肉，针头与肌肉表面呈 35°～45°进针，以免刺伤大的血管或神经。

（3）**饮水免疫法**　是将可供口服的疫苗稀释在水中，使鸡通过饮水获得免疫。对于大型养鸡场，逐只免疫费时费力，不能在短时间内达到整体免疫的效果。因此，可采用饮水免疫。但在生产实践中由于种种原因会出现鸡群饮入疫苗的剂量不均一，造成抗体效价参差不齐。为了使饮水免疫达到预期效果，必须注意以下几个问题：

第一，疫苗应是高效的活毒疫苗，其用量一般加倍或采用 3～4 倍量。

第二，用于稀释疫苗的水必须清凉、洁净，且不含有任何能灭活疫苗病毒或细菌的物质。稀释疫苗所用的水量应根据鸡的日龄及当时的室温来确定，在鸡群喂料前饮水免疫，使疫苗稀释液在 1～2 小时全部饮完。饮水中应加入 0.1%～0.3% 的脱脂奶粉，以保护疫苗的效价。

第三，为了使每只鸡在短时间均能摄入足够量的疫苗，在供给含疫苗的饮水之前 2～4 小时应停止饮水供应（视天气而定）。

第四，饮水器具要求洁净，不得残留消毒剂、铁锈、有机污染物。为使鸡群得到较均匀的免疫效果，饮水器应充足，使鸡群 2/3 以上的鸡有同时饮水的位置。

第五，夏季天气炎热时，饮水免疫最好在早晨完成，这样有利于保护疫苗的活力。

（4）**点眼与滴鼻法** 滴鼻、点眼的工具可用滴管或滴瓶，也可用带有16～18号针头的注射器，操作前应对其进行计量校正。将疫苗用生理盐水做适当稀释，每只鸡点眼、滴鼻各1滴。操作时左手轻握鸡体，食指与拇指固定住鸡的头部，将鸡的头颈摆成水平的位置（一侧眼鼻朝天，另一侧眼鼻朝地），右手用滴管或滴瓶将疫苗滴入鸡的一侧鼻孔或眼结膜囊内，待疫苗吸收后再放开鸡；滴鼻时，用食指按压住一侧鼻孔，以便疫苗滴能快速吸入。此方法对于建立局部免疫，免受母源抗体干扰有重要作用。

（5）**皮肤刺种法** 接种时，将1000羽份的疫苗用10毫升生理盐水稀释，充分摇匀后，用接种针或蘸水笔尖蘸取疫苗，在翅膀内侧无血管处，用刺种针蘸取疫苗刺入皮下或将翅膀刺穿。雏鸡刺种1针，较大的鸡刺种2针。3天后应检查刺种部位，若有小肿块或红斑，则表示接种成功，否则需重新刺种。

（6）**泄殖腔接种法** 先按规定剂量将疫苗稀释好。将鸡倒提，用手捏腹使泄殖腔黏膜外翻，用无菌棉签或小软刷蘸取疫苗，直接涂擦在黏膜上，至黏膜发红为止。

（7）**毛囊涂擦法** 将鸡腿部羽毛拔去几根，用棉球蘸取疫苗，逆羽毛生长方向涂搽，3天后如毛囊红肿，即表明免疫成功，否则应重新接种。

（8）**气雾免疫法** 此法是通过气雾发生器，使疫苗形成一定直径大小的雾化粒子，均匀地悬浮于空气中，随呼吸而进入鸡体内。此法省时省力，对某些与呼吸道有亲嗜性的疫苗效果最好，如鸡新城疫各系疫苗、传染性支气管炎弱毒疫苗等。缺点是容易引起鸡群的应激，尤其容易激发慢性呼吸道病。气雾免疫应注意如下几点：

第一，所用疫苗必须是高效价。

第二，免疫前后几天内，应在饲料或饮水中添加适当的抗菌药物，预防慢性呼吸道病的暴发。

第三，疫苗的稀释用水应用去离子水或蒸馏水，不得用自来水、开水或井水。稀释液中应加入0.1%脱脂乳或3%～5%甘油。稀释液的用量因气雾机及鸡群的平养、笼养密度而异，应严格按说明书推荐用量使用。

第四，严格控制雾滴的大小，雏鸡用雾滴的直径为30～50微米，成鸡为5～10微米。

第五，免疫期间，应关闭鸡舍所有门窗，停止使用风扇或抽气机，在免疫20～30分钟后，再打开门窗和启动风扇（视室温而定）。

第六，气雾免疫时，鸡舍内温度应适宜，温度过低或过高均不适宜进行气雾免疫，如白天气温较高，可在晚间较凉爽时进行。

第七，鸡舍内的湿度对气雾免疫也有影响，一般要求空气相对湿度在70%左右最为合适，可在鸡舍内喷洒清水，以增加湿度和清除空气中的浮尘。

第八，喷雾时喷头与鸡体保持0.5～1米距离，呈45°喷雾，使雾滴刚好落在鸡头部，以头颈部羽毛略有潮湿感为宜；喷雾后20分钟开启门窗通风换气。

6. 免疫后的护理与观察　接种疫苗后，部分鸡会出现接种反应，有的可出现暂时性抵抗力下降现象，故应加强接种后的护理与观察。注意改善鸡舍卫生和饲养管理，尽可能减少对鸡群的刺激因素。鸡群在接种疫苗后，应至少观察1周。产蛋鸡接种后短期内可能出现产蛋下降或停产现象，有的接种后还可能出现一过性的呼吸道反应，如出现严重的疫苗反应或大群发病死亡现象，应及时查找原因，减少损失。

（五）药物使用技术

1. 群体给药法

（1）混饲给药　将药物均匀地拌入料中，让鸡在采食饲料的同时摄入药物。该法简便易行，节省人力，减少应激，效果可靠，适用于群体给药和预防性用药，尤其适用于长期性投药，以及不溶于水或适口性差的药物。当病鸡食欲差或不食时不能采用此法。在应用混饲给药时，应注意以下几个问题。

①准确掌握药物浓度：应按照规定的药物浓度，准确计算药物剂量。若按体重给药，应严格按照单只鸡体重，计算鸡群总体重，再将药物拌进饲料内。

②药物混合均匀：混合不均匀，可造成部分鸡过量摄入药物中毒，而部分鸡吃不到或不能摄入足够剂量药物，达不到防治目的。尤其是对于家禽易产生毒副作用及用量较少的药物，更要充分均匀混合。混合时应采用逐步稀释法，即先将药物和少量饲料混匀，然后再将混合药物的饲料拌入一定量的饲料中混匀，最后将混合好的饲料加入大批饲料中，继续混合均匀。

③注意饲料添加剂与药物之间的关系：有些药物混入饲料后，可与饲料中的某些成分发生拮抗反应，应密切注意不良反应。如饲料中长期添加磺胺类药物，易引起维生素 B 和维生素 K 的缺乏，这时应适当补充这些维生素；添加氨丙啉时，应减少饲料中维生素 B_1 的添加量，每千克饲料中维生素 B_1 的添加量应在 10 毫克以下。

④注意配伍禁忌。若同时使用 2 种以上药物，必须注意配伍禁忌。例如：莫能菌素、盐霉素禁止与泰妙菌素、竹桃霉素合用，否则会造成鸡生长受阻，甚至中毒死亡。

（2）混饮给药　将药物溶解于饮水中让鸡自由饮用。适于短期投药或群体性紧急治疗，特别适用于鸡群因病不能食料但能饮水的情况。混饮给药时应注意以下几点。

①注意药物性质　通过混饮给药的主要是易溶于水的药品；较难溶于水的药物，通过加热、搅拌或加助溶剂等方法能溶解达到预防和治疗效果的也可以通过饮水给药；中草药用水煎后再稀释，也可通过饮水给药。

②掌握饮水给药时间的长短　饮水时间过长，药物失效；时间过短，部分鸡摄入剂量不足。在水中不易破坏的药物，如磺胺类、氟喹诺酮类药物，其药液可以让鸡全天饮用；对于在水中一定时间内易破坏的药物，如盐酸多西环素、氨苄西林等，药液量不宜过大，应让鸡在短时间（1～2小时）内饮完，从而保证药效。在规定时间内未能饮完的药液应及时清除，换上清洁的饮水。

③注意药物浓度　药物在饮水中的浓度最好以用药鸡群的总体重、饮水量为依据。首先计算出鸡群所需的药量，然后严格按要求配制符合浓度的药液。具体做法是：先用适量水将药物充分溶解，加水到所需量，充分搅匀后，倒入饮水器中供鸡群饮用。

④水量控制　根据家禽的可能饮水量来计算药液量，药液宜现配现用，以一次用量为好，以免药物长期处于环境中放置而降低疗效。水量过少，易引起少数饮水过多的鸡中毒；水量过多，一时饮不完，达不到防治疾病的目的。如冬天家禽饮水量一般减少，药液就不宜过多；而夏天饮水量增高，药液必须充足，否则就会造成部分鸡缺饮，影响用药效果。

⑤注意水质对药物的影响　混饮给药一般用去离子水为佳，因为水中存在的金属离子可能与药物发生反应，影响药效。此外，也可选用深井水、凉开水和蒸馏水。井水、河水最好先煮沸，冷却后去掉底部沉淀物再用；经漂白粉消毒的自来水，在阳光下静置2～3小时，待其中氯气挥发后再用。

⑥用药前停水　为使鸡群在规定时间内将药液喝完，一般在用药前停止饮水，夏季约为2小时；冬季约为4小时。另外投药时，饮水器要充足，保证禽群在同一时间内都能饮上水，避免竞争饮水而导致饮药量不均。

（3）气雾给药　是使用气雾发生器将药物分散成为微滴，让鸡通过呼吸道吸入或作用于皮肤黏膜的一种给药法。气雾给药时应注意以下几点。

①恰当选择气雾用药　要求选择对鸡呼吸道无刺激性，且能

溶解于呼吸道分泌物中的药物，否则不宜使用。

②准确掌握用药剂量　同一种药物，其气雾剂的剂量与其他剂型的剂量未必相同，不能随意套用。应先通过试验确定气雾剂的有效剂量。

③严格控制雾粒大小，确保用药效果　颗粒越小，越容易进入肺泡，但却与肺泡表面的黏着力小，容易随肺脏呼气排出体外；颗粒越大，则大部分散落在地面和墙壁，或停留在呼吸道黏膜表面，不宜进入肺脏深部，造成药物吸收不好。临床用药时，应根据用药目的，适当调节气雾颗粒的大小。如果要治疗深部呼吸道或全身感染，气雾颗粒的大小应控制在0.5～5微米，如果要治疗上呼吸道炎症或使药物主要作用于上呼吸道，则要加大雾化颗粒。

④掌握药物的吸湿性　若要使药物到达肺的深部，应选择吸湿性弱的药物；若治疗上呼吸道疾病，应选择吸湿性强的药物。因为吸湿强的药物粒子在通过湿度很高的呼吸道时其直径会逐渐增大，影响药物到达肺泡。

（4）外用给药　多用于鸡的体表给药，以杀灭体外寄生虫、病原微生物，或用于禽舍、周围环境和用具等的消毒。根据用药的目可选择喷雾、药浴、喷洒、涂抹、熏蒸等方式。如杀灭体外寄生虫时可采用喷雾法，将药液喷雾到鸡体上；杀灭环境中的病原微生物时，可采用熏蒸法、喷洒法等。

2. 个体给药法

（1）口服给药　将药物经口投入食道的上端，或用带有软塑料管的注射器将药物经口注入鸡的嗉囊内。此法用药量准确，但费时费工。

（2）注射给药　当家禽病情危急或不能口服药物时，可采用注射给药。主要有皮下注射、肌内注射、静脉注射、气管注射和嗉囊注射等。其中以皮下注射和肌内注射最常用。注射给药时，应注意注射器的消毒和勤换针头。

①皮下注射　可采用颈部皮下、胸部皮下和腿部皮下等部位。皮下注射时用药量不宜过大，且应无刺激性。注射时由助手抓鸡或术者左手抓鸡，并用拇指、食指捏起注射部位的皮肤，右手持注射器沿皮肤皱褶处刺入针头，然后注入药液。

②肌内注射　常用的注射部位有胸部肌肉和大腿外侧肌肉。溶液、混悬液、乳浊液均可肌内注射给药，刺激性强的药物可做深部肌内注射。注射时针头应与肌肉表面呈30°～45°刺入，不可垂直刺入，以免刺伤大的血管或神经，特别是胸部肌内注射时更应谨慎操作，切不要使针头刺入肺脏或肝脏，以免造成伤亡。

3. 种蛋与鸡胚给药法　此法常用于种蛋消毒和预防蛋媒性疾病。

（1）熏蒸法　种蛋在熏蒸前先用消毒液或抗生素溶液进行清洗，以消除蛋壳上污染的细菌，防止其进入种蛋内。种蛋的熏蒸消毒常用甲醛，在密闭条件下进行，最好装有鼓风机，以便使甲醛产生的气体均匀到达各个角落，在熏蒸后用等量的16%～18%氨水进行中和，也可打开门窗进行通风换气。

（2）浸泡法　此法用来控制蛋媒性疾病。选用对所要控制病原的有效抗菌药物，配成一定浓度，将蛋浸泡在药液中。为了使药液进入蛋内，可采用真空法和变温法。

①真空法　将种蛋放入容器内，加入药液，然后用抽气机将密闭容器内的空气抽走，造成负压，并保持5分钟，最后恢复常压，再保持5分钟，使药液进入蛋内，将蛋取出晾干后即可进行孵化。

②变温法　将种蛋放入孵化器内，使蛋温升至37.8℃，保持3～6小时，然后趁热将蛋浸入4～15℃的药液中，保持15分钟，利用种蛋与药液之间的温度差造成负压，使药液进入蛋内。例如：预防鸡毒支原体病，可将种蛋表面清洗、消毒后孵热37～38℃，保持4～6小时，浸入4℃左右的0.04%～0.10%泰乐菌素溶液中15～20分钟，取出干燥后进行孵化。

（3）**蛋内注射**　是将药物通过蛋的气室注入蛋白内，或将药物直接注入卵黄囊内，以消灭通过蛋传播的病原微生物。例如：预防鸡毒支原体病，可将庆大霉素注入蛋白内，或将泰乐菌素注入卵黄囊内。

4. 合理用药

第一，坚持“预防为主，防重于治”的原则。

现代养禽业具有集约化程度高、生长速度快、生产周期短的共同特点，“预防为主，防重于治”的原则在禽病防治中尤为重要。为此，要重视孵化、育雏、育成、产蛋各环节的处理和用药，特别重视选用预防药物，包括消毒药物、各种疫苗以及预防各种禽病的常规用药，以保证在整个生产周期内，有效地预防疾病的发生。

第二，正确诊断，合理选药。

正确诊断是合理选择药物的前提，只有确定致病菌，掌握不同抗菌药物的抗菌谱，才能合理选择对病原菌敏感的药物。对于革兰氏阳性菌引起的感染，如葡萄球菌病、链球菌病，可选择青霉素类、大环内酯类、一代头孢类及林可霉素等。对于革兰氏阴性菌引起的感染，如禽霍乱、大肠杆菌病、沙门氏菌病，可选择氨基糖苷类、氟喹诺酮类等。绿脓杆菌感染可选择庆大霉素、多黏菌素等。支原体感染可选择恩诺沙星、泰乐菌素、泰妙菌素、红霉素、北里霉素等。细菌的分离鉴定和药敏试验是合理选择抗菌药物的重要手段。

第三，选择适宜给药途径，严格掌握用药剂量与疗程。

根据用药的目的、病情缓急及药物本身的性质，确定最适宜的给药方法。如因病不食但尚能饮水的，宜饮水给药。为了保证药物的摄取量，必须注意药物的溶解度、稀释药物的水质及给药时间等。严格掌握用药剂量，剂量小时，不能在体内形成有效的血药浓度，不能达到药效，而且容易产生耐药菌株；而剂量大时，不仅会造成浪费，而且容易引起中毒。首次用量可适当增加，随

后几天用维持量。一般用药疗程为3～5天，停药过早易导致复发。长时间使用抗菌药物易导致细菌产生耐药性或家禽药物中毒。

第四，正确联合用药，注意配伍禁忌。

临床上为了增强药效，减少或消除药物的不良反应，以及治疗不同疾病或混合感染，常常采取同时或短期内先后应用2种或2种以上的药物，称为联合用药。联合用药可能会发生药动学的相互作用，从而影响药物的吸收、分布、生物转化和排泄；或在药效上可能发生协同或拮抗作用。临床上应注意利用药物间的协同作用提高疗效，避免配伍禁忌。如青霉素类与大环内酯类或四环素类抗生素合用，会使青霉素无法发挥杀菌作用，药效降低；利福平、氟苯尼考与环丙沙星、氧氟沙星、诺氟沙星等氟喹诺酮类药物合用时，可发生拮抗，作用减弱或消失；微生态制剂不宜与抗生素合用；人工盐不宜与胃蛋白酶合用；抗球虫药盐霉素和马度霉素禁与泰乐菌素、泰妙菌素合用等。

第五，采取综合治疗措施，促进疾病康复。

药物的作用是通过机体表现出来的，家禽机体的功能状态与药物的作用有密切关系。因此，在使用抗菌药物抑制或杀灭病原菌时，应注意饲料营养全面，根据家禽不同生长时期的需要合理调配日粮，以免出现营养不良或过剩。管理和环境方面要考虑合适的饲养密度、适宜的温湿度、良好的通风与采光以及减少各种应激，保持饲养环境洁净和减少病原体污染等。同时还要注意对症治疗和辅助治疗。

第六，禁止使用违禁药物，防止兽药残留。

禁止使用有致癌、致畸和致突变作用的兽药，禁止在饲料中长期添加兽药，禁止使用未经农业部门批准或已经淘汰的兽药，禁止使用对环境造成污染的兽药；禁止使用激素类或其他具有激素作用的物质和催眠镇静药物；禁止使用未经国家兽医行业主管部门批准的基因工程方法生产的兽药；限制使用某些人、畜共用药物。注意兽药残留限量，严格执行休药期。最高残留限量通常是国家公布的强制性标准，决定动物性食品的安全性。所有药物都要遵守休药期或弃蛋期规定。肉禽用药尽量选用残留期短的药物，宰前7天停用一切药物，避免药残危害公共卫生。

（六）鸡场废弃物处理

1. 粪便处理与应用　家禽粪便中含有一些病原微生物和寄生虫卵，尤其是患传染病的家禽，含有微生物数量会更多。如不进行消毒处理，直接作为农业肥料，往往成为传染源，因此对家禽粪便必须进行严格的消毒处理。常见的方法有掩埋法、焚烧法、化学消毒法及发酵法等。

（1）掩埋法　将粪便与漂白粉或新鲜的生石灰混合，然后深埋地下，一般深度在2米左右。此种方法简单易行，但病原微生物有经地下水散布的危险性，且损失大量的肥料，故很少采用。

（2）焚烧法　焚烧是杀灭一切病原微生物最有效的方法，但大量焚烧粪便显然是不合适的。因此，只限于患烈性传染病家禽的粪便。具体做法是：挖一个深75厘米、宽75～100厘米的坑，在距坑底40～50厘米处加一层铁炉箅子（孔密些为宜，否则粪便会漏下）。如果粪便潮湿可加些干草，以利于燃烧，点燃时可加些燃料如酒精或汽油。

（3）化学消毒法　适用于粪便消毒的化学消毒剂有漂白粉或10%～20%漂白粉液、0.5%～1%过氧乙酸、5%～10%硫酸、苯酚合剂、20%石灰乳等。使用时应注意搅拌均匀，使消毒剂与粪便混匀。由于粪便中有机物含量较高，不宜使用凝固蛋白质性能强的消毒剂，以免影响消毒效果。

（4）堆肥发酵法　该法是通过微生物降解禽粪中的有机物质，从而产生高温，杀死其中的病原菌、寄生虫及虫卵，使有机物腐殖质化，提高肥效。采用堆肥法处理禽粪的优点是：处理最终产物臭味少，较干燥，易包装和撒播。缺点是：处理过程中氨气有损失，不能完全控制臭味，所需场地大，处理时间长，容易

造成下渗污染。

（5）**能源化处理**　通过厌氧发酵处理，将粪便中有机物转化为沼气，同时杀灭大部分病原微生物，消除臭气，改善环境，减少人兽共患病的发生和传播，适用于刮粪和水冲法的家禽饲养工艺。该方法不仅可以提供清洁能源，解决养殖场及周围村庄部分能源问题，而且发酵后的沼渣、沼液还可作为优质无害的肥料。

2. 污水处理与应用

（1）**物理处理法**　该法是利用物理作用，除去污水的漂浮物、悬浮物和油污等，同时从废水中回收有用物质的一种简单水处理法。常用的方法有重力沉淀、离心沉淀、过滤、蒸发结晶和物理调节等方法。

（2）**化学处理法**　利用化学氧化剂等化学物质将污水中的有机物或有机生物体加以分解或杀灭，使水质净化，达到再生利用的方法。常用的方法有混凝沉淀法、氧化还原法及臭氧法。

（3）**生物处理法**　主要靠微生物的作用来实现。参与污水生物处理的微生物种类很多，包括细菌、真菌、藻类、原生动物、多细胞动物等。其中，细菌起主要作用，其繁殖力强，数量多，分解有机物的能力强，很容易将污水中溶解性、悬浮状、胶体状的有机物逐步降解为稳定性好的无机物。生物处理法可根据微生物的好气性分为好氧生物处理和厌氧生物处理 2 种。

好氧处理是指利用好氧微生物处理养殖废水的一种工艺。好氧生物处理法可分为天然好氧处理和人工好氧处理两大类。天然好氧生物处理法是利用天然的水体和土壤中的微生物来净化废水的方法，亦称自然生物处理法，主要有水体净化和土壤净化两种。前者主要有氧化塘和养殖塘等；后者主要有土地处理（慢速渗滤、快速法滤、地面漫流）和人工湿地等。人工好氧生物处理是采取人工强化供氧以提高好氧微生物活力的废水处理方法。该方法主要有活性污泥法、生物滤池、生物转盘、生物接触氧化法、序批式活性污泥法及氧化沟法等。

目前用于处理养殖场粪污的厌氧工艺很多，其中较为常用的有以下几种：厌氧滤器、上流式厌氧污泥床、复合厌氧反应器、两段厌氧消化法和升流式污泥床反应器等。

3. 死禽的处理与利用 死禽尸体如不及时处理，若随意丢弃，分解腐败，发出恶臭，不仅会造成环境、土壤和地下水污染，而且会形成新的传染源，对养殖场及周边的疫病控制产生极大的威胁。因此，必须进行妥善的处理。常用的处理方法有以下几种。

（1）掩埋法 该法简单易行，但是处理不彻底。因此，因烈性传染病死亡的家禽尸体不能掩埋。掩埋坑的长度和宽度以能容纳下尸体为度，深度以尸体表面到坑缘的高度不少于 1.5～2 米为宜。掩埋前，在坑底先铺垫上 2～5 厘米厚的石灰。尸体投入后（将污染的土壤、捆绑尸体的绳索等一起放入坑内），再撒上一层石灰，填土夯实。

（2）焚烧法 该法是销毁尸体、消灭病原体最彻底的方法，但需消耗大量能源，燃烧产生的气体还会污染环境，所以，非烈性传染病尸体不常应用。进行焚烧时，要注意防火，选择离村镇较远、下风头的地方，在可控制的焚烧坑内进行。自制焚尸坑可选择“十”字坑、单坑和双层坑等形式，均是底部放置燃料（干草、木柴或加少许煤油、柴油等助燃剂），放好尸体后从底部点燃，一直将尸体烧成黑炭为止，烧后就地掩埋在坑内。

（3）化制法 该法是将尸体放在有盖的大铁锅内煮炼至骨肉松脆为止。有条件的地方，是将尸体放入特制的化制加工器中炼制，达到消毒灭菌的目的。

（4）发酵法 该法是将尸体抛入尸体坑内，利用生物热的方法进行发酵，从而起到消毒灭菌的作用。坑一般为井式，深达 9～10 米，直径 2～3 米，坑口有一木盖，坑口高出地面 30 厘米左右。将尸体投入坑内，堆到距坑口 1.5 米处，盖封木盖，经 3～5 个月发酵处理后，尸体即可完全腐败分解。

4. 孵化废弃物处理与利用 孵化废弃物主要有无精蛋、死胚蛋、毛蛋、死雏和蛋壳等。孵化场废弃物在热天很容易招引苍蝇，因此，应尽快处理。无精蛋可用于加工食品，但应注意卫生，避免腐败物质及细菌造成的食物中毒。死胚、死雏、毛蛋一般是经过高温消毒、干燥处理后，粉碎制成干粉，可代替饲料中的肉骨粉或豆粕。蛋壳的钙含量非常高，可加工成蛋壳粉利用。如若没有加工和高温灭菌等设备，每次出雏废弃物应尽快深埋处理。

第二章

病毒性传染病

一、鸡新城疫

鸡新城疫，俗称鸡瘟，是由新城疫病毒引起的鸡和火鸡的一种急性、高度接触性传染病。本病常呈败血症经过，其临床特征是呼吸困难、严重下痢和出现神经症状；病理剖检特征为黏膜和浆膜出血，特别是腺胃黏膜和肠淋巴滤泡水肿出血或坏死。本病是鸡病中危害最严重的传染病之一。

【病　原】 鸡新城疫病毒属副黏病毒科、副黏病毒属的成员之一。该病毒能凝集鸡、鸭、鹅、鸟类等多种动物的红细胞，因此可以通过凝集和凝集抑制试验检测新城疫抗体效价，也可以应用新城疫单克隆抗体来检测新城疫病毒。该病毒能在鸡胚的尿囊腔中增殖，还能在鸡胚成纤维细胞上增殖，并能产生严重的细胞病变，该特性可用于分离、增殖和鉴定病毒。新城疫病毒毒力差异较大，据毒力不同可将新城疫分为嗜内脏速发型、嗜神经速发型、中发型和缓发型及无症状肠型等。该病毒对自然环境因素的抵抗力较强，但对常用消毒药敏感，1% 来苏儿、0.3% 过氧乙酸、2% 氢氧化钠、5% 漂白粉均可在短时间内将其灭活。

【流行病学】 在自然条件下，鸡和火鸡对该病毒最易感，其次是野鸡、鸽子。其他禽类如孔雀、鹧鸪、鹌鹑、鸵鸟、麻雀、野生鸟类及候鸟也可感染成为传染源。近年来水禽特别是鹅、鸭副黏病毒病较严重。任何年龄的家禽均易感，但幼雏和中雏的易感性较成年雏只高，死亡率也高。病禽和带毒禽只是主要传染源。主要经呼吸道和消化道传播，也可通过损伤皮肤和黏膜感染。本病一年四季均可感染，但以春秋两季发病率较高。

【临床症状】

1. 最急性型　常见于流行早期，突然发病常无特征性症状而突然死亡。

2. 急性型　体温升高，达43～44℃，精神沉郁，羽毛松乱，缩颈低头，翅膀下垂，冠和肉髯发绀，闭眼似睡，不愿运动，离群呆立。采食量下降，严重时食欲废绝；严重下痢，排出草绿色稀薄不带黏液的粪便；嗉囊胀满，内充满大量酸臭发绿的液体和气体，病禽被倒提或低头时，从口腔流出大量绿色发臭的液体。呼吸困难，甩头，气管内发出湿性啰音，呼噜，张口呼吸。后期出现神经症状，表现两腿麻痹，站立不稳，共济失调或转圈运动，头颈向后仰，角弓反张或扭转，受到惊吓后更加严重。产蛋鸡出现产蛋下降，蛋壳质量下降，出现薄壳蛋、软壳蛋、褪色蛋、畸形蛋增多。

3. 非典型新城疫　当免疫鸡群感染强毒或非免疫鸡群感染低毒力毒株时症状表现非典型化。发病率较低，一般在10%～30%；病死率低，一般在15%～45%。主要表现为呼吸道症状，个别病鸡出现扭头等神经症状；产蛋母鸡产蛋下降，薄壳蛋、褪色蛋、沙皮蛋增多。

【病理变化】　主要表现为全身败血症，以呼吸道和消化道最严重。病死鸡口腔内集有大量酸臭发绿稀薄的液体，嗉囊内充满酸臭液体及气体。腺胃乳头出血，腺胃内积有发绿的饲料，腺胃与肌胃交接处出血，严重时形成铁锈色，肌胃角质层下出血，有时形成粟粒状不规则的溃疡。十二指肠淋巴滤泡、卵黄蒂下端淋巴滤泡、回肠淋巴滤泡、盲肠扁桃体水肿、出血，严重时出现纽扣样坏死。气管内积有大量黏液，喉头、气管、支气管上端出血。产蛋母鸡卵泡萎缩、变形，甚至卵泡破裂，形成卵黄性腹膜炎，输卵管萎缩、变细。

非典型新城疫可见喉头、气管出血、充血，有大量出血、充血，有大量黏液，腺胃乳头极少出血，肠道卡他性炎症，盲肠扁桃体肿大、出血，泄殖腔严重出血。

【诊　断】根据流行特点、临床症状和病理变化，可做出初步诊断，确诊需进行病毒分离和鉴定、琼脂扩散试验、血凝抑制试验、免疫荧光抗体技术、酶联免疫吸附试验等血清学诊断技术以及反转录聚合酶链反应（RT-PCR）等实验室诊断技术。

【防治措施】

1. 预防　鸡新城疫的预防以免疫接种为重点，并严格执行隔离消毒制度，杜绝传染源入侵，切断传播途径，提高鸡群自身抵抗力，建立免疫检测制度等综合防控措施。加强饲养管理，提高鸡群非特异性免疫力，供给鸡优质全价饲料，减少各种应激因素，注意环境卫生，提高鸡群的整体健康水平。

2. 治疗　新城疫无特异治疗药物，一般发生新城疫时可采用紧急免疫接种方法控制，但中后期需要药物控制。具体方案如下：治疗新城疫最有效的办法是注射抗新城疫高免血清（高免蛋黄），也可选用干扰素、白介素、植物血凝素以及中药金丝桃素、黄芪多糖等药物；同时对症治疗，有呼吸症状的使用泰乐菌素、强力霉素、氟苯尼考等药物，防止继发感染；为提高机体抵抗力，可在饲料和饮水中添加足量多维素等。

二、禽流感

禽流感是由A型流感病毒中某些致病性血清型引起的禽类全身性高度接触性传染病。其临床特征为头颈肿胀、呼吸困难、严重下痢、产蛋下降、高死亡率，病理剖检特征以全身浆膜出血为特征。禽流感常引起大批家禽死亡，H_5N_1 亚型禽流感可引起

人的死亡，因此禽流感已成为公共卫生问题，直接影响到人类的健康和畜禽的安全。

【病　原】 禽流感病毒为正黏病毒科、流感病毒属的成员。A 型流感病毒表面有血凝素（HA）和神经氨酸酶（NA），根据二者抗原属性的不同，可将 A 型流感病毒分为不同的亚型。不同亚型之间无交叉免疫反应。根据各亚型毒株对禽致病力不同，将禽流感分为高致病性禽流感、低致病性禽流感和无致病性禽流感。该病毒表面有囊膜，囊膜表面含有血凝素，能凝集多种动物的红细胞，且能被特异的抗血清所抑制，因此可以利用血凝与血凝抑制试验来鉴定病毒和对免疫禽群进行效价检测。禽流感病毒对常用消毒药物敏感，如甲醛、卤素化合物（漂白粉和碘剂等）、金属离子、过氧乙酸、双季铵盐等均能迅速杀灭该病毒。

【流行病学】 家禽和野禽对禽流感病毒均敏感。病禽和康复带毒禽以及带毒野禽、候鸟是主要的传染源。呼吸系统和消化系统是最主要的传播途径，主要通过分泌物、排泄物、尸体污染饲料、环境和空气以及其他动物直接或间接接触传播，还可通过污染的工具、人员等方式传播。该病一年四季均可发生，但在天气忽冷忽热和干燥寒冷的季节多发。

【临床症状】 病鸡体温升高，精神沉郁，反应迟钝，不愿走动，采食量下降甚至废绝，排黄绿色或橘黄色带有黏液的粪便，常因采食量下降导致粪便中尿酸盐明显增多。呼吸困难，出现打喷嚏、咳嗽、气喘、啰音等呼吸道症状，严重时表现张口伸颈呼吸，病死鸡口腔内积有大量的黏液。头颈部肿胀，肉髯水肿，流眼泪，结膜水肿出血，冠和肉髯呈暗红色或蓝紫色。胫部鳞片下出血，严重时跗关节周围和爪部鳞片下出血、水肿，导致局部肿胀。产蛋量急剧下降，严重时出现绝产。蛋壳质量下降，畸形蛋、薄壳蛋、软壳蛋、褪色蛋、破壳蛋和无壳蛋明显增多。发病后期个别病鸡出现扭头、观星状等神经症状。

【病理变化】 头部肿大的病例可见头部皮下呈黄色干酪样或

胶冻样渗出；眼结膜充血、出血，眶下窦内积有干酪物；喉头、气管、支气管上端出血，气管内积有大量的黏液，严重时有黄色干酪物阻塞气管，肺严重淤血水肿。食道充血出血、腺胃壁肿胀，乳头水肿、出血，腺胃与肌胃交界处及肌胃角质层下出血。肠黏膜脱落，肠壁变薄，肠腔内积有大量黏液。急性死亡禽肠道浆膜外变性、水肿，肠道形成片状出血，盲肠扁桃体陈旧性出血，直肠出血。胰脏出血和坏死，有时胰脏边缘形成线状出血。心脏冠状脂肪出血，心内、外膜出血，心肌形成条状坏死，腹部脂肪形成点状出血。产蛋鸡卵泡萎缩、变性、出血和液化，卵泡上有黄色纤维素性渗出，液化的卵泡进入腹腔，形成卵黄性腹膜炎。输卵管系膜水肿，在输卵管表面形成胶样渗出，在输卵管内积有黄白色脓性或似凝非凝蛋清样分泌物或黄色干酪物。低致病性禽流感往往继发大肠杆菌混合感染，出现明显的心包炎、肝周炎和气囊炎。

【诊　断】根据流行特点、临床症状和病理变化，可做出初步诊断，确诊尚需进行琼脂扩散试验、血凝抑制试验、神经氨酸酶抑制试验、免疫荧光抗体技术、酶联免疫吸附试验等血清学诊断技术以及 RT-PCR 诊断技术等实验室诊断手段。

【防治措施】

1. 预防　加强饲养管理和卫生工作，增强机体抵抗力，定期消毒，防止飞鸟、鼠类进入鸡舍，避免病原的侵入。加强免疫接种工作，提高抗体水平。发现疑似高致病性禽流感疫情时，应立即将病鸡（场）隔离，并限制其移动。动物防疫监督机构要及时派人到现场进行调查核实，进行流行病学调查、临床症状、病理解剖、采集病料、实验室诊断等，根据诊断结果采取相应措施。

2. 疫情处理　高致病性禽流感确诊后应立即启动相应级别应急预案。按照“早、快、严”的原则，坚决扑杀，彻底消毒，严格隔离，强制免疫，防止疫情扩散。

发生低致病性禽流感时可采取隔离、消毒与治疗相结合的措施。可用干扰素、白介素等细胞因子来抑制病毒复制；同时用中药清瘟败毒散拌料，并用金丝桃素、黄芪多糖饮水；防止细菌继发感染，可用敏感抗菌药物如丁胺卡那、氟苯尼考等；若呼吸道症状严重时，还需要加入缓解呼吸道症状药物，如复方甘草片、氨茶碱等。同时采取降低饲料蛋白质含量，提高舍温，添加复合多维，加强消毒，防止病原扩散等措施。

三、传染性法氏囊病

传染性法氏囊病是由传染性法氏囊病毒引起雏鸡的一种急性、接触性、免疫抑制性传染病。以法氏囊发炎、坏死、萎缩，肌肉出血和肾脏损伤为特征。

【病　原】 传染性法氏囊病毒为双股 RNA 病毒科，核酸为双股双节段 RNA。该病毒不能凝集动物的红细胞，无囊膜。病毒对外界抵抗力较强，鸡舍内的病毒可存活 100 天以上；耐热，耐阳光及紫外线照射，耐反复冻融。病毒对乙醚和氯仿不敏感，3% 煤酚皂、0.2% 过氧乙酸、2% 次氯酸钠、5% 漂白粉、3% 的苯酚、3% 福尔马林、0.1% 升汞可在 30 分钟内灭活病毒。

【流行病学】 自然感染仅发生于鸡，火鸡也可隐性感染，鸭感染病毒后有抗体反应；各种品种的鸡均可感染，主要发生于 2～15 周龄的鸡，以 3～6 周龄的鸡最易感染，成年鸡一般呈隐性感染。病鸡是主要传染源，可通过直接接触和间接接触传播，可通过被污染的种蛋垂直传播。病毒主要通过消化道和呼吸道感染。该病全年均可发生，但多集中在温度高、湿度大的 4～10 月份。

【临床症状】 发病突然，病初可见病鸡啄自己的肛门，随即出现腹泻，排白色稀粪并带有蛋清样分泌物，泄殖腔周围的羽毛被粪便污染。病鸡精神沉郁，翅膀下垂，羽毛蓬乱，畏寒发抖，眼睑闭合，步态不稳，脱水严重，趾爪干燥，眼窝凹陷，最后衰竭死亡。发病后 3～4 天达到死亡高峰，呈峰式死亡曲线，以后开始下降。

【病理变化】 病鸡肌肉干燥，没有光泽，胸肌、腿肌点状或刷状出血。肌胃和腺胃交界处有溃疡和出血带。肝脏土黄色，有白色条状坏死。感染早期，法氏囊水肿，浆膜外变性发黄，有胶冻样渗出，囊腔内积有大量黏液；感染中期，法氏囊出血，黏膜皱褶上有出血点或出血斑，严重时呈紫葡萄样；感染后期，法氏囊萎缩、变小、变性，呈黄色，囊壁上有坏死点，囊腔内有黄色干酪物。肾脏肿大、苍白，肾小管内积有尿酸盐，严重者形成“花斑肾”。输尿管变粗，内有尿酸盐沉积。

【诊　断】 根据流行特点、临床症状和病理变化，可做出初步诊断。确诊尚须进行病毒的分离与鉴定、琼脂扩散试验、免疫荧光抗体技术、酶联免疫吸附试验、病毒中和试验、RT-PCR 诊断技术等实验室诊断手段。

【防治措施】

1. 预防 加强饲养管理，采用全进全出饲养制度，给予全价饲料。鸡舍换气良好，温度、湿度适宜，消除各种应激条件，提高鸡体免疫应答能力。严格执行卫生消毒措施，做好免疫接种工作，根据母源抗体和免疫后抗体水平监测合理安排免疫程序；选择鸡传染性法氏病活疫苗（B87 株），饮水或滴鼻免疫。

2. 治疗 在发病早期使用高免血清、高免蛋黄及中药方剂有一定疗效。防止细菌继发感染可用敏感抗菌药物。同时改善饲养管理和消除应激因素。比正常鸡舍温度提高 2～3℃，降低蛋白质水平。在饮水中加入复方口服补液盐以及维生素 C、维生素 K、维生素 B 或 1%～2% 奶粉，以保持电解质、营养平衡，促进康复。

四、传染性支气管炎

传染性支气管炎是由传染性支气管炎病毒引起鸡的一种急性、高度接触性传染病。根据临床表现可分为呼吸型、肾型、腺

胃型和生殖型。

【病　原】 传染性支气管炎病毒属于冠状病毒科、冠状病毒属。易发生变异，血清型较多。病毒对外界抵抗力不强，加热56℃ 15分钟死亡，但在低温下存活时间长，如在 –20℃时存活7年，–30℃时存活17年。该病毒对兽医临床上常用消毒药物均敏感。

【流行病学】 本病只有鸡发病，其他家禽均不感染，各种年龄鸡均可感染，但以雏鸡最为严重。病鸡、康复鸡是传染源。主要通过呼吸道感染，经飞沫传播，也可经消化道感染，还可经种蛋垂直传播。该病具有潜伏期短、发病急、传播快，病程短、发病率高的特点；饲养管理条件差（过冷过热、拥挤通风不良），营养搭配不合理（维生素、矿物质和其他营养元素缺乏）以及疫苗接种，或其他疾病等均可促发本病。近年来主要以呼吸型、肾型和腺胃型发病，特别是早期感染引起输卵管退化、幼稚化，开产时形成“假母鸡”，导致产蛋母鸡无产蛋高峰期，造成较大的经济损失。

【临床症状】

1. 呼吸道型 各种年龄鸡均可感染，以1～4周龄雏鸡最严重，死亡率也高，随着日龄的增长，抵抗力增强，症状减轻。病鸡无明显前驱症状，常突然发病，出现呼吸道症状，并迅速波及全群。病鸡表现为伸颈张口呼吸、咳嗽、鼻流分泌物和发出特殊的鸣哨声响，尤以夜间更加明显。随着病程发展，全身症状加重，表现精神萎靡，食欲废绝，羽毛松乱，翅下垂，昏睡，怕冷压挤在一起。后期因支气管堵塞，出现张口伸颈呼吸。

2. 肾型 该型多发于14～50日龄鸡，以20～30日龄最易感，发病率30%～50%，病后5～7天死亡率20%～30%。发病初期有轻微呼吸道症状，精神沉郁，羽毛松乱，食欲减少，饮水增加，嗉囊积液，怕冷压挤，腹泻，排出石灰样稀粪，常黏附于泄殖腔周围，脱水明显（爪部干燥无光泽），最后衰竭而死。

3. 腺胃型 肉鸡多于20～30日龄发病。病初鸡群采食量下降，后期食欲废绝，早期排出带有未消化的料粪，水粪分离，随着病程的发展排出粉红色、番茄酱色鱼肠样粪便或白绿色稀粪；病鸡精神差，羽毛松乱，呆立于鸡舍一角，高度消瘦，生长受阻，鸡群整齐度差异加大。

4. 生殖型 呼吸型、肾型、腺胃型传染性支气管炎等均会影响产蛋鸡的生殖功能，造成输卵管损伤。病鸡鸡冠鲜红有光泽，腿部鲜黄，腹部较大，触诊有波动感，走路如企鹅状。

【病理变化】

1. 呼吸道型 气管下1/3、支气管内有浆液性卡他性分泌物，同时气管下1/3、支气管及鸣管出血，在死亡鸡气管后端和支气管中可见黄色干酪样栓子。

2. 肾型 肾脏肿大数倍，呈哑铃形，肾小管内充满尿酸盐结晶、苍白，使肾脏呈白色斑驳状，形成"花斑肾"。输尿管扩张，充有尿酸盐，严重时形成结石阻塞输尿管，引起肾脏自溶。病变肌肉脱水，干燥无光泽，严重时呈搓板状。

3. 腺胃型 腺胃肿大，浆膜外水肿、变性、质地变硬，严重时呈乒乓球状；腺胃胃壁增厚，剪开后明显外翻；腺胃乳头肿大，黏膜水肿，腺胃乳头和黏膜出血严重，轻压有褐色分泌物或水样分泌物喷射；个别鸡腺胃乳头融合、溃疡，形成火山口样病变。

4. 生殖型 病鸡卵泡发育正常，成熟卵泡直接排入腹腔或输卵管内，腹腔内积有大量卵黄；形成幼稚型输卵管，输卵管壁变薄透明内积有大量的水样渗出物，占据腹腔的大部分，有的输卵管在狭部阻塞。

【诊　断】根据流行病学、临床症状、病理变化可以做出初步诊断。确诊尚需进行病毒的分离与鉴定，以及利用中和试验、间接血凝试验、琼脂扩散试验和酶联免疫吸附试验等血清学诊断方法。

【防治措施】

1. 呼吸道型

预防：加强饲养管理，降低饲养密度，加强通风，严格消毒，供给优质全价饲料；做好免疫接种。目前常用疫苗有活疫苗和灭活苗二类：我国广泛使用活疫苗 H_{120}、H_{52}、MA_5，H_{120} 用于雏鸡和其他日龄鸡首免，H_{52}、MA_5 用于经 H_{120} 免疫过的 60 日龄以上青年鸡的加强免疫。

治疗：目前本病尚无特效药物，治疗原则以抗病毒，防止继发感染和对症治疗为主。抗病毒用干扰素、白介素等饮水或肌内注射，黄芪多糖饮水；防止继发感染用泰乐菌素饮水；对症治疗用止咳、化痰、平喘类药物，如氯化铵、复方甘草片及止咳平喘的中草药等。

2. 肾　型

预防：加强饲养管理，降低饲养密度，加强通风，严格消毒，做好免疫接种。目前肾型传支疫苗主要有 28/86、MA_5 和肾型传染性支气管炎灭活苗。

治疗：使用适当的抗病毒药物，降低饲料蛋白质含量，补充维生素 A 等；防止继发感染可用阿莫西林等对肾脏损伤小的药物饮水。加速尿酸盐排出可用碳酸氢钠饮水；调整盐类平衡可用口服补液盐。

3. 腺 胃 型

预防：加强饲养管理，降低饲养密度，加强通风，严格消毒，防止饲料和垫料发霉变质，做好免疫接种。目前预防腺胃传支疫苗 MA_5、491 和腺胃型传染性支气管炎灭活苗。

治疗：同呼吸型。防止继发感染用阿莫西林、青霉素饮水。对症治疗用西咪替丁、大黄苏打片拌料；或用中药神曲、山楂、麦芽、苦参等健胃消食。

4. 生殖型　加强综合防治措施，及时淘汰水裆鸡。目前无特效治疗药物。

五、传染性喉气管炎

鸡传染性喉气管炎是由病毒引起的一种急性呼吸道传染病。其特征是呼吸困难，咳嗽，咳出带有血液的渗出物，喉头、气管黏膜水肿出血，传播快，死亡率高。

【病　原】 传染性喉气管炎的病原为疱疹病毒科疱疹病毒Ⅰ型，病毒核酸为双股DNA。病毒能在鸡胚上增殖，病料接种10日龄鸡胚绒毛尿囊膜，能使感染鸡胚死亡，胚体变小，绒毛尿囊膜增生与坏死，形成浑浊散在边缘隆起的痘斑样病灶。该病毒对外界抵抗力较弱，临床常用消毒药均能在较短时间内将其杀死。

【流行病学】 在自然条件下，鸡传染性喉气管炎只感染鸡，不同年龄的鸡均易感，但以成年鸡的症状最明显。病鸡和康复后的带毒鸡是主要传染源，经呼吸道及眼内膜传播。气管及鼻分泌物污染的饲料、垫料、饮水和用具可成为传染媒介，人及野生动物的活动也可传播本病。该病一年四季均可发生，但秋冬春寒冷季节多发。鸡群拥挤，通风不良，饲养管理不好，缺乏维生素等都可促进本病的发生和传播。本病一旦传入易感鸡群，则迅速传播，感染率可达90%，致死率5%～70%，一般平均10%～20%，高产蛋鸡死亡率较高。

【临床症状】 病鸡表现流泪，眼睛半睁半闭，脸部红肿，眼内分泌物增多，严重的病鸡眶下窦肿胀。呼吸困难，呼吸时发出湿性啰音，有喘鸣音，蹲伏，每次吸气时头和颈部向前向上，张口伸颈，并发出“咯咯”叫声，高度呼吸困难，可咳出血样黏条，污染喙角、鼻腔及头部羽毛，甚至在鸡舍笼具、过道沾有血痕。若分泌物不能及时排出，可引起窒息死亡。发病后期在喉头形成黄色干酪物栓子阻塞喉头。病鸡食欲减少或废绝，鸡冠发紫，有时还排出绿色稀便。产蛋鸡产蛋量迅速减少或停产，蛋壳颜色发白，畸形蛋、软壳蛋增多，病程5～7天或更长，有的逐

渐恢复成为带毒者。

【病理变化】典型病理变化为喉头和气管上1/3处黏膜水肿，出血严重的在气管内有血样黏条，在喉头和气管内覆盖黏液性分泌物，病程长的鸡形成黄色干酪样物，形成气管假膜，严重时形成黄色栓子，阻塞喉头；眼结膜水肿充血、出血，严重的眶下窦水肿出血；产蛋鸡卵泡萎缩、变性。病死鸡内脏淤血和气管出血，导致胸肌贫血症状。

【诊　断】根据流行特点、临床症状和病理变化可做出初步诊断。确诊须做病毒分离和鉴定，以及利用荧光抗体法、琼脂扩散试验、中和试验、间接血凝试验等血清学诊断方法。

【防　制】

1. 预防　加强饲养管理，改善鸡舍通风，注意环境卫生，并严格执行隔离、消毒卫生措施。不从疫区引种，引进鸡要隔离饲养，也可放入几只易感鸡混养，观察2周，若不发病表明不带毒，这时方可混养；康复鸡不可与易感鸡混养。疫区要进行疫苗接种，目前传染性喉气管炎疫苗有两种：一种是传染性喉气管炎和鸡痘二联基因工程疫苗，其免疫反应小，适用于首次免疫；另一种是传染性喉气管炎弱毒苗，免疫反应大，并且排毒时间长，免疫原性好，适合于加强免疫。可采用点眼、滴鼻或涂肛免疫，其中涂肛法免疫反应最小。

2. 治疗　本病尚无特效的治疗方法，控制原则为抗病毒，防止继发感染，缓解呼吸道症状（早期止咳平喘，中后期化痰祛痰），在饲料中添加维生素K_3和维生素A，改善鸡舍卫生，加强通风。个别严重鸡每天用链霉素5万单位喷口1次，填服人用喉症丸3～4粒，或人用复方甘草片2片。

六、鸡　痘

鸡痘是由痘病毒引起鸡的一种急性、接触性传染病。其特征是在鸡无毛或少毛的皮肤上发生痘疹，或在口腔、咽喉及眼结膜上形成痘斑或纤维素性假膜。

【病　原】 鸡痘病毒是痘病毒科、禽痘病毒属的一种。禽痘目前认为有7种病毒，即鸡、鸽、火鸡、金丝雀、鹌鹑、孔雀、麻雀。在自然情况下每一型病毒只对同种宿主易感，不同种的禽痘之间有一定交叉保护。鸡痘病毒对外界自然因素抵抗力相当强，在常温下可抗干燥约数月不死；阳光照射数周仍可保持活力；50℃30分钟、60℃20分钟加热可以杀死病毒，-15℃下保存多年仍有致病性。1%氢氧化钠、1%醋酸，或0.1%升汞可于5～10分钟杀死该病毒，1%～2%苯酚、0.1%～1%福尔马林消毒效果差。在腐败环境中，病毒很快死亡。

【流行病学】 鸡对鸡痘的易感性最高，不分年龄、性别、品种都可感染，但以雏鸡和中雏多见。本病主要是通过皮肤和黏膜的伤口感染，蚊虫叮咬对本病的传播亦有重要作用。一年四季都能发生，但秋季和初冬易感。一般秋季和冬初多以皮肤型为主，冬季则以黏膜型多见。

【临床症状】 根据鸡痘发生部位的不同分为皮肤型、黏膜型和混合型三种。

1. 皮肤型 主要在鸡体表面无毛或少毛部位出现痘痂，如头部鸡冠、肉髯、眼睑、喙角、鼻孔周围，也可出现在两翼、腹部、腿部、爪等处。痘斑开始为灰白色小结节，逐步形成灰白色瘢痕。一般没有明显的全身症状，但较为严重的病例会出现精神不振、食欲减退、消瘦，甚至死亡。

2. 黏膜型 也称“白喉型”，病变主要发生在口腔、咽喉、气管、眼结膜等处的黏膜上，出现的痘痂堵塞喉头，使病鸡窒息死亡。口腔内的痘痂会影响采食和吞咽，病鸡消瘦，眼睛出现痘痂可引起失明，伴随其他临床症状。所以，黏膜型鸡痘对鸡的损害比较严重。病鸡可见吞咽困难、张口呼吸、失明、流泪等。

3. 混合型　皮肤型和黏膜型同时存在，病情严重，死亡率高。

【病理变化】与临床症状基本相似，没有非常特殊的病理变化，只是黏膜型鸡痘在非常严重时可蔓延到呼吸系统及食道等处。

【诊　断】皮肤型和混合型禽痘的临床表现比较典型，根据临床症状及病理变化，即可做出诊断。单纯的黏膜型禽痘易与传染性鼻炎、慢性呼吸道病、维生素 A 缺乏等混淆，必要时应进行实验室诊断。

【防治措施】

1. 预防　加强饲养管理，消灭吸血昆虫，防止发生外伤，隔离病鸡，剥除的痘痂不能随便丢弃，应集中烧毁，对鸡舍、用具要用 2% 氢氧化钠进行消毒。免疫接种是最有效的预防措施，目前用于预防本病的疫苗主要有鸡痘鹌鹑化弱毒疫苗和鸽痘病毒疫苗，接种方法主要是翼翅刺种法和毛囊法 2 种，在 20～30 日龄（夏季适当提前）时翼下刺种，刺种后 5～7 天要观察刺种部位是否出现结痂，若有，证明接种成功；若无，应再接种 1 次。

2. 治疗　本病尚无特效的治疗方法。局部处理可用镊子剥掉痘痂，取碘酊或紫药水涂之，黏膜型在剥掉痘痂后用碘甘油或蛋白银溶液涂之。全身治疗：使用抗生素防止继发感染，在饲料中添加维生素 A 有利于本病的恢复，使用清热解毒祛风透疹的中草药有一定疗效。

七、禽脑脊髓炎

禽脑脊髓炎又称流行性震颤病，是由脑脊髓炎病毒引起的雏禽一种病毒性传染病。临床上以共济失调、头颈震颤、两肢麻痹或瘫痪和高死亡率为特征，产蛋鸡患本病时，有短暂的产蛋率下降，一般不表现临床症状。

【病　原】禽脑脊髓炎病毒属于小 RNA 病毒科、肠道病毒属。该病毒抵抗力很强，耐热，56℃加热 1 小时或在室温下保存 1 个月，仍具有感染性，在粪便中病毒可存活 4 周，福尔马林可迅速使其灭活。

【流行病学】 鸡对该病最易感，各种年龄鸡均可感染，但一般 3 周之内雏禽感染才有明显症状。病鸡及带毒鸡是本病的传染源。可垂直传播，也可水平传播，传染性极强。发病无明显的季节性，一年四季均可发生，但以冬春季节多发。

【临床症状】 病雏表现精神迟钝，共济失调，不愿走动，常蹲伏，强行驱赶则表现跛行，摇摆不定，向前猛冲后栽倒，头颈部阵发性震颤，不能采食、饮水，最后衰竭死亡。耐过病鸡生长发育受阻，出现一侧或两侧眼球晶状体浑浊或浅蓝色褪色，内有絮状物，失明。1 月龄以上鸡感染后，除血清学检查阳性外，没有明显的临床症状。成年母鸡感染后表现为产蛋率暂时性下降，持续 2 周龄左右，下降幅度 15%～40%，蛋的颜色正常，畸形蛋稍多，孵化率下降，弱雏增多，3 周后恢复正常。

【病理变化】 体表及内脏器官一般无明显病变，唯一眼观变化是雏鸡肌胃的肌层有小片灰白区（大量淋巴细胞浸润所致）。少数病鸡可见脑部充血出血，特别是小脑出现轮状出血，小脑水肿积液。

【诊　断】 根据该病仅发生于 3 周以内的雏鸡，瘫痪、头颈震颤而无明显眼观病理变化，以及种鸡出现一过性减蛋等特征，即可做出初步诊断。确诊须进行病毒的分离鉴定和血清学诊断。

【防治措施】

1. 预防　加强检疫消毒与隔离措施，防止从疫区引进带毒的种苗和种蛋。对种鸡群接种疫苗，母源抗体可在 2～3 周龄之内保护雏鸡免受脑脊髓炎病毒感染。

2. 治疗　本病尚无特效的治疗方法，可将症状轻的病鸡隔离饲养，加强管理并给予抗生素，以预防细菌感染，维生素 E、维生素 B_1、谷维素等药物可保护神经和改善症状。还可用抗禽

脑脊髓炎的高免卵黄肌内注射，每只雏鸡 0.5～1.0 毫升，每天 1 次，连用 2 天。重症鸡应挑出淘汰。种鸡感染后 1 个月内的种蛋不宜孵化。也可试用中药治疗：穿心莲、鱼腥草、板蓝根各等量，水煎取汁，饮水或拌料，每只雏鸡 0.5 克中药，连用 3 天，效果明显。

八、减蛋综合征

减蛋综合征是由一种腺病毒引起的表现母鸡产蛋率下降的传染病。临床上以群发性产蛋下降、蛋壳异常（软壳蛋、薄壳蛋、破损蛋）、蛋体畸形、蛋品质下降，输卵管水肿为特征。

【病　原】 减蛋综合征病毒属腺病毒属，无囊膜。该病毒能凝集火鸡、鸡、鸭、鹅、鸽的红细胞。病毒抵抗力较强，在 pH 值 3～10 范围内性质稳定；加热 56℃可存活 3 小时，60℃ 30 分钟丧失致病性，70℃ 20 分钟则完全灭活，在室温下至少可存活 6 个月以上，干燥状态下，25℃可存活 7 天；0.3% 甲醛 24 小时，0.1% 甲醛 48 小时可使病毒完全灭活。

【流行病学】 主要易感动物是鸡、鸭、鹅和野鸭，但仅在成年产蛋鸡群发病，产褐壳蛋母鸡及肉种鸡最易感。病毒主要侵害 26～32 周龄的母鸡，35 周龄以上鸡较少发病。本病可垂直传播和水平传播，但主要通过垂直传播。

【临床症状】 感染鸡群无明显的临床症状，通常是 26～32 周龄产蛋鸡突然出现群体产蛋下降，产蛋率比正常下降 20%～30%，甚至达 50%。病初蛋壳的色泽变浅或消失，紧接着产畸形蛋，蛋壳表面粗糙，呈沙粒样，蛋壳变薄，易破损，软壳蛋和无壳蛋增多达 15% 以上，对受精率和孵化率没有影响。病程一般在 4～10 周。开产前经过免疫接种的鸡群发病，产蛋高峰期不明显，产蛋率上升速度较慢。

【病理变化】 该病没有特征性病理变化，某些病鸡可出现卵

巢萎缩、变细、变短，卵泡变形或有出血，子宫及输卵管水肿、出血，严重时子宫部形成水疱。

【诊　断】根据流行病学、临床症状（母鸡在26～32周龄忽然发生产蛋下降、软壳、无壳、畸形蛋增多）、病理变化（生殖道充血、水肿等）可做出初步诊断，要想确诊须进行病毒的分离和鉴定和血清学检查。

【防治措施】

1. 预防　本病主要经卵垂直传播，引种时应杜绝病毒传入，严格执行兽医卫生制度，加强饲养管理。进行免疫接种，生产实践中，以鸡新城疫—传染性支气管炎—减蛋综合征三联油佐剂灭活疫苗于开产前2～4周给鸡皮下或肌内注射，均有良好保护力。

2. 治疗　该病目前尚无特效治疗方法。鸡群发病后在饲料中添加清瘟败毒散、激蛋散等中药制剂，饮水添加输卵管消炎药物如阿莫西林等，补充多维素、鱼肝油，可促进产蛋率尽快恢复。

九、马立克氏病

鸡马立克氏病是由马立克氏病病毒引起的鸡和火鸡的一种以淋巴组织增生为特征的传染性疾病。其特征是外周神经、性腺、虹膜、内脏器官、肌肉以及皮肤发生淋巴样细胞浸润和肿大。

【病　原】鸡马立克氏病病毒属疱疹病毒科的细胞结合性病毒。根据其毒力强弱分为温和毒、强毒、超强毒、超超强毒、特强毒和无毒株。按血清型可分为血清Ⅰ型、血清Ⅱ型、血清Ⅲ型，鸡马立克病属于血清Ⅰ型。根据病毒对细胞的依赖性，可将其分为细胞结合性病毒（不完全病毒）和非细胞结合性病毒（完全病毒）。马立克氏病病毒（不完全病毒）对化学和物理因素抵抗力均不强，对热、酸、有机溶剂、消毒药的抵抗力弱，对高温较敏感。从羽毛囊上皮细胞排出到自然界中的完全病毒，因被蛋白质和脂肪包裹着，所以抵抗力较强，低温下存活时间更长。5%

甲醛及甲醛熏蒸蒸汽、2% 氢氧化钠、3% 来苏儿、0.2% 过氧乙酸及双季铵盐、碘制剂均能杀死病毒。

【流行病学】 本病易感动物主要是鸡，其次是火鸡，年龄越小易感性越强，随着日龄增加对本病的易感性明显下降，母鸡比公鸡易感性强。病鸡和带毒鸡是主要的传染源。可通过直接和间接接触传播，易感鸡主要通过呼吸道感染。感染率与鸡场饲养密度呈正相关，与鸡舍消毒严格程度呈负相关。最早发病在 60 日龄，70～120 日龄陆续发病，达到高峰以后发病率和死亡率逐渐减少或停止，感染该病毒后会引起免疫抑制，导致机体抵抗力下降，影响其他疫苗的免疫效果，对病原微生物易感性增强。

【临床症状】

1. 神经型　该型主要侵害外周神经，由于侵害部位不同临床症状不同。当坐骨神经丛或坐骨神经受害时，一肢或双肢发生不完全麻痹，表现运动失调和步态异常，严重者瘫痪在地，呈现“劈叉”姿势。当臂神经丛和翅神经受害时，特征是翅下垂。当支配颈部肌肉的神经受侵害时，主要表现为歪头扭颈。当迷走神经受损时，可引起嗉囊麻痹或扩张。病鸡神经系统受损运动障碍引起采食差，羽毛蓬松，高度消瘦，最后衰竭而死，或被同群鸡踩踏而死亡。

2. 内脏型　病鸡精神和食欲不振，羽毛松乱，行动缓慢，常缩颈呆蹲于舍角，闭目似睡，食欲废绝，严重腹泻，排黄绿色稀便或白色稀便。严重消瘦，鸡冠和眼睑干燥，苍白无光。趾、爪皮肤干燥。后期极度衰弱，昏迷，瘫痪，最后死亡。

3. 皮肤型　该型发病率较低。病鸡翅膀、颈部、大腿、背部和尾部皮肤上的毛囊肿大，皮肤变厚，形成米粒至蚕豆粒大小的结节及瘤状物，甚至坏死，破溃流血，切开时质韧，切面淡黄色。

4. 眼型　此型发病率极低。病鸡主要表现为一眼或双眼的虹膜受侵害，巩膜灰白色淋巴浸润，固有“灰眼症”之称，瞳孔边缘不整齐，呈锯齿状，整个瞳孔最后缩小到针尖大的小孔，视力减退或失明。

【病理变化】

1. 神经型马立克 病变部位在外周神经，常发生于坐骨神经丛，偶发生于臂神经丛和迷走神经，受侵害的神经呈灰白色或黄白色水肿，有出血点，横纹消失，神经纤维上有大小不等的结节，导致神经粗细不均，有时见弥漫性增粗2～3倍。病变常为单侧性，将两侧神经对比有助于诊断。

2. 内脏型 病鸡可见皮下干燥，肌肉暗红，无光泽，肌肉消瘦，龙骨突出，呈刀背状；内脏各器官可见广泛性肿瘤病灶，最常受害的是卵巢、肝、脾、肾、心、肺、胰、腺胃、肠道；这些组织中可见大小不等、形状不一的单个或多个灰白色或黄白色瘤块，质地坚实而致密；有时肿瘤呈弥漫性，使整个器官变得很大，法氏囊常萎缩，而不形成肿瘤。

3. 皮肤型和眼型 没有典型的病理变化。

【诊　断】根据特征性劈叉、麻痹等神经症状和剖检神经纤维特征性病变可初步诊断为神经型马立克氏病；根据渐进性消瘦和特有的各脏器肿瘤，可初步诊断为内脏型马立克氏病；根据皮肤毛囊增大、形成结节和瘤状物可初步判断为皮肤型马立克氏病。确诊须采集病变组织，进行组织切片检查或用琼脂扩散试验、荧光抗体、酶联免疫吸附试验等血清学诊断方法。

【防治措施】

1. 预防 采取预防育雏室、孵化室早期感染为中心的综合性防控措施；加强养鸡场环境卫生与消毒工作，封闭育雏，育雏舍应远离其他年龄鸡舍；加强鸡群饲养管理和鸡传染性法氏囊病、鸡传染性贫血、呼肠孤病毒等疫病的防治工作，供给全价饲料，防止饲料霉变，减少各种应激，增强机体抵抗力。坚持全进全出饲养模式。做好疫苗接种工作。出壳蛋鸡在24小时内用CVI-988马立克液氮苗接种。

2. 治疗 目前本病尚无有效治疗方法，以淘汰为主。

十、禽淋巴白血病

禽淋巴白血病是由禽C型反录病毒群的病毒引起的禽类多种肿瘤性疾病的统称，以成年鸡产生淋巴样肿瘤和产蛋量下降为特征。临床上有多种表现形式，主要是淋巴细胞增生性白血病，其次是成红细胞白血病、成髓细胞白血病、骨髓细胞瘤、肾母细胞瘤、骨石病、血管瘤、肉瘤和皮瘤等。

【病　原】 禽淋巴白血病病毒属反转录病毒属、反转录病毒科，是禽淋巴细胞性白血病/肉瘤病毒群中的一个成员，并分为A、B、C、D、E 5个亚群。各亚群病毒都具有共同的群特异性抗原，这种抗原可以从鸡群的蛋清、组织及体液中检测到。其中禽白血病是由C型反转录病毒群的病毒引起。病毒对各种理化因素抵抗力差，尤其是对高温耐受性低，37℃可存活约260分钟，–15℃可存活12周，但在–60℃温度下存活时间可长达数年。

【流行病学】 鸡是淋巴细胞性白血病病毒群的自然宿主，所有日龄的鸡均可感染。病鸡或病毒携带鸡为主要传染源，特别是病毒血症期的鸡。主要通过种蛋（存在于蛋清及胚体中）垂直传播，也可通过与感染鸡或污染的环境接触而水平传播。垂直传播导致的先天性感染雏鸡常可产生对病毒的免疫耐受，表现为持续性病毒血症，体内无抗体并向外排毒。本病的感染虽很广泛，但临床病例发生率低，一般为散发。

【临床症状】 潜伏期较长，因病毒株、鸡群的遗传背景差异等而不同。最早可见5周龄鸡发病，主要发生于18～25周龄的性成熟前后鸡群。总死亡率一般为2%～8%，有时可超过10%。感染鸡精神委顿，全身衰弱，进行性消瘦，贫血，鸡冠、肉髯苍白、萎缩，偶见发绀，腹部增大，用手触诊可按压到肿大的肝脏，有的可见皮肤（特别是脚趾）出现黄豆大至小指肚大的暗红色血疱，一旦有外伤破裂出血不止。

【病理变化】 特征性病变是肝脏、脾脏肿大，表面有弥漫性的灰白色增生性结节。肝脏比正常肝脏大 5～15 倍不等，一直延伸到耻骨前沿，充满整个腹腔，肝质变脆，表面有弥散性肿瘤结节。脾脏极度肿胀，似乒乓球状，表面有弥散性肿瘤增生。在肾脏、卵巢和睾丸也可见广泛的肿瘤组织。法氏囊肿瘤性增生，极度肿胀。有的在胸骨、肋骨表面出现肿瘤结节，也可见于盆骨、髋关节、膝关节周围以及头骨、椎骨表面。有的在肝脏、性腺、心脏等器官表面，形成血管瘤。

【诊　断】 根据流行特点、临床症状、病理变化，一般不难做出初步诊断。确诊需进行补体结合试验、酶联免疫吸附试验（ELISA）和琼脂扩散试验等。应注意与马立克氏病、鸡传染性贫血和禽网状内皮组织增生病相区别。

【防治措施】

1. 预防　由于禽白血病主要是经垂直传播，水平传播占次要地位，因此国内外控制该病都是从建立无禽白血病的种鸡群着手，实行净化种群为主的综合性防治措施。检测和淘汰带毒母鸡，减少垂直传染源，有条件的种鸡场可通过净化，建立无禽白血病种鸡群。加强饲养管理，做好基础防疫消毒工作。国内异地引入种禽时，应经引入地动物防疫监督机构审核批准，并取得原产地动物防疫监督机构出具的无禽白血病证明和检疫合格证明。

2. 治疗　目前对禽白血病尚无有效治疗方法，以淘汰为主。

十一、鸡传染性贫血

鸡传染性贫血病是一种由传染性贫血病毒引起的雏鸡传染病。临床上以再生障碍性贫血和全身性淋巴组织萎缩为特征。

【病　原】 鸡传染性贫血病毒属圆环病毒科、圆环病毒属。该病毒无囊膜，为单链 DNA 病毒，只有一个血清型，有强致病毒株和弱致病毒株。病毒对乙醚和氯仿有抵抗力，对酸稳定在粪便中可存活 7 天左右。甲醛和次氯酸钠等含氯制剂可用于消毒。

【流行病学】 鸡是传染性贫血病毒的唯一宿主，所有年龄的鸡均可感染，自然感染常见于 2～4 周龄，随着日龄增加，易感性、发病率和死亡率迅速下降。肉鸡比蛋鸡易感，公鸡比母鸡易感。主要经种蛋垂直传播，也可通过病鸡分泌物、排泄物及污染的用具、饲料、饮水传播，经消化道感染。

【临床症状】 该病的特征症状是贫血，严重程度与毒株、感染量和机体状态等有关。一般在感染后 10 天发病，病鸡表现为精神沉郁，虚弱，行动迟缓，羽毛松乱，喙、肉髯、面部和可视黏膜苍白，体重减轻，生长不良；头、颈、翅膀、胸、腹、腿、爪等部位的皮肤可出现出血或坏死。临死前可见腹泻。成年鸡感染后，一般不出现临床症状，产蛋量、受精率、孵化率均不受影响，但可通过种蛋传播病毒。

【病理变化】 病鸡和死亡鸡贫血，消瘦，肌肉、内脏器官苍白；肝脏、脾脏和肾脏肿大、褪色，或呈淡黄色；血液稀薄，凝血时间延长。大腿骨的骨髓呈脂肪样，呈黄白色、淡黄色或淡红色。胸腺萎缩，呈深红褐色，有时可见骨骼肌出血，腺胃出血，法氏囊萎缩。若继发细菌感染，可见坏疽性皮炎等。血液学检查：红细胞数、白细胞数及血小板均明显减少。

【诊　断】 根据流行特点、临床症状和病理变化可做出初步诊断。确诊须进行病毒分离、鉴定，以及中和试验、间接免疫荧光抗体试验、酶联免疫吸附试验等血清学诊断。

【防治措施】

1. 预防　重视鸡群日常的饲养管理及兽医卫生措施，防止由环境因素及传染病导致的免疫抑制。加强检疫，防止从疫区引种时引入带毒鸡，建立健康鸡群。

2. 治疗　目前尚无特异的治疗方法。必要时可用抗生素防止细菌继发感染。

十二、病毒性关节炎

病毒性关节炎是由禽呼肠孤病毒引起的以肉鸡为主的一种传染病。临床上主要以跗关节腱鞘肿胀和腓肠肌断裂，跛行或不愿走动，采食困难，生长停滞为特征。

【病　原】 禽呼肠孤病毒属呼肠孤病毒正呼肠孤病毒属。该病毒对热稳定，对乙醚、氯仿具有抵抗力，在pH值3～9的范围内保持稳定，在低温条件下存活时间长，4℃至少3个月，在室温条件下能耐3%福尔马林、5%来苏儿和1%苯酚1小时，紫外线有破坏病毒的作用，对2%～3%氢氧化钠、70%乙醇、0.5%有机碘较为敏感。

【流行病学】 不同年龄、品种、性别的鸡均易感，4～6周龄的肉鸡最常见，随着年龄的增长，易感性降低。在肉鸡中最为流行，其他轻型鸡较少发生。病鸡和带毒鸡是主要传染源。该病既可垂直传播，也可水平传播。该病的感染率高，发病率和死亡率都不太高，但病鸡出现运动障碍，生长缓慢，饲料效率低，屠体品质下降，淘汰率增高，给肉鸡行业造成很大损失，应引起高度重视。

【临床症状】 病鸡食欲不振，消瘦，不愿走动，喜蹲坐或跛行，因腓肠肌断裂，致使腿变形、外旋，顽固性跛行，严重时出现瘫痪，种鸡受到感染后产蛋率及种蛋受精率下降。

【病理变化】 患肢的跗关节肿胀，趾屈肌腱和跖伸肌腱肿胀，切开皮肤可见胫部有炎症和腱鞘水肿，腔内含有棕黄色关节分泌物，有的为脓性或出血，有的病例关节硬固，腱鞘硬化和粘连，关节软骨充血，甚至糜烂。

【诊　断】 根据病鸡跛行和跗关节、腱鞘肿胀，病鸡群中部分鸡冠苍白、生长缓慢、发育不良等临床症状及病理变化可怀疑本病。确诊须做病毒分离与鉴定和血清学诊断。

【防治措施】

1. 预防　加强饲养管理，降低饲养密度，改善饲养环境，严格卫生，加强消毒。不从有污染的种鸡场进雏鸡。避免垂直传播，加强疫苗接种工作是有效预防该病的主要措施。对种母鸡在开产前 2～3 周接种灭活疫苗，可使雏鸡在 3 周之内含有较高的母源抗体，对雏鸡的保护率很高。

2. 治疗　该病目前尚无有效的特异治疗方法，可试用干扰素、白介苗及抗病毒药物抑制病毒复制。同时，用抗生素防治继发感染。

十三、网状内皮组织增殖病

鸡网状内皮组织增殖病是由一组反转录病毒——网状内皮组织增殖病病毒群引起的鸡、火鸡、鸭和野鸡等禽类的一组症状不同的综合征。该病包括急性网状细胞瘤、矮小综合征、慢性肿瘤 3 种表现不同的症候群。其特征为肿瘤性，多会引起病禽多种临床症状，贫血，消瘦，生长缓慢等。

【病　原】网状内皮组织增殖病病毒属反转录病毒科。禽 C 型肿瘤病毒，核酸为线状正单股 RNA。病毒对乙醚敏感，对热（56℃，30 分钟）敏感，不耐酸（pH 值 3.0）。据目前报道，从各类禽中分离到的病毒近 30 个分离株，抗原均十分接近，同属于一个血清型，但各分离株间有较小的抗原差异。

【流行病学】该病通常为散发。自然宿主包括鸡、火鸡、鸭、雉、鹅和日本鹌鹑等。但尚未见哺乳动物被感染的报道。该病为免疫抑制性疾病，发病日龄多在 80 日龄左右，病毒是低温病毒，高温季节不易发病。发病率和死亡率不高，呈慢性死亡，死亡周期约为 10 周。病禽是该病的主要传染源，可从口、眼分泌物及粪便中排出病毒，通过水平传播使易患鸡感染；亦可通过种蛋垂直传播，但传播能力较弱。禽用疫苗被网状内皮组织增殖病病毒污染是该病传播的重要问题，目前已引起世界各国的重视。

【临床症状】 矮小综合征通常是由于1日龄雏鸡接种了污染病毒的生物制品造成，表现严重的生长停滞，发育不良，精神委顿，呆立嗜睡，食欲不振，羽毛粗乱，贫血，感染后数天到数周急性死亡，感染约3周可见羽毛中间部出现“一”字形排列的空洞，感染1个月后出现运动失调和麻痹。慢性淋巴瘤的情况少见，病鸡从发病到死亡的整个期间，精神委顿，食欲不振。该病能侵害机体的免疫系统，可导致机体免疫功能下降，继发其他疾病。

【病理变化】 该病主要侵害肝、脾、心、胸腺、法氏囊、腺胃、胰腺、性腺和神经等，有灰白色点状结节和淋巴瘤增生。最早出现病变的是肝，特征变化是网状细胞的弥散性和结节性增生。法氏囊重量减轻，严重萎缩，滤泡缩小，滤泡中心淋巴细胞减少和坏死。胸腺充血、出血、萎缩、水肿。翼神经、坐骨神经、颈神经均肿大变粗。

【诊　断】 根据典型的病变结合病毒分离或抗体检测来加以证实。注意与禽白血病、马立克氏病相区分。矮小综合征注意与其他免疫抑制综合征相区别。

【防治措施】 本病目前无特效防制方法。加强种蛋［包括无特定病原体（SPF）种蛋］疫病监测，用酶联免疫吸附试验检出种蛋中的病毒抗原，淘汰阳性母鸡，消除垂直传播。加强种禽群监管措施，注意环境卫生，防止水平传播。加强种禽用疫苗（特别是马立克氏病、禽痘和禽白血病）的质量监测与管理，严防该病毒污染，以免引起该病的人工传播，造成重大经济损失。

第三章
细菌性传染病

一、鸡大肠杆菌病

该病是由致病性大肠杆菌引起的一类疾病的总称。由于病原菌血清型很多，出现很多病型，主要表现为败血症、纤维素性心包炎、肝周炎、气囊炎、脐炎、关节炎、眼球炎、大肠杆菌肉芽肿等。

【病　原】 大肠杆菌属肠道杆菌科、埃希菌属。为革兰阴性、中等大小的杆菌，无明显荚膜，不形成芽孢，有鞭毛，能运动，但有不运动、无鞭毛的变异株。该菌为需氧或微厌氧，在普通琼脂培养基上生长良好，在麦康凯培养基上形成红色菌落，在伊红美蓝琼脂上形成黑色带金属光泽的菌落。本病有 O、K 及 H 3 种抗原。由 3 种抗原形成的血清型很多，引起禽类发病的血清型有 O_1、O_2、O_5、O_8、O_{78}、O_{103} 等。该菌对物理化学因素敏感，但在常温下存活时间较长，对抗生素及磺胺类药物极易产生耐药性。

【流行病学】 该病不分品种、年龄和季节均可发生，以 3～6 周龄的雏鸡易感性最高。致病性大肠杆菌普遍存在于病鸡、隐性感染鸡的体内和环境中，可通过消化道、呼吸道、污染的种蛋及人工授精传播。此外，该病发生与饲养管理密切相关，如潮湿、拥挤、通风不良、过冷过热、温差大以及病原微生物（如支

原体及病毒）感染等均可促进该病的发生。

【临床症状】 临床表现极其复杂，病型较多，不同病型症状区别较大。

1. 雏鸡脐炎型 病鸡腹部膨胀，缩头闭眼，羽毛逆立，剧烈腹泻，粪便稀，呈白或黄绿色，脐孔不闭合，红肿，有炎性渗出物或形成钉脐。

2. 急性败血型 多见于雏鸡和 6～10 周龄鸡，寒冷季节多发。病鸡常突然死亡。一般表现精神沉郁，羽毛松乱，食欲减退或废绝；有的出现白色或黄色下痢，腹部胀大，与鸡白痢和副伤寒不易区分。

3. 眼炎型 多发生于舍内空气污浊的鸡舍。表现为一侧或两侧眼睑肿胀，流泪，眼内有脓性或干酪样物，甚至失明。

4. 关节炎型 发病幼雏和中雏关节肿大，跛行，伏卧，关节囊肥厚。

5. 气囊炎型 主要发生于 5～12 周龄雏鸡，但以 6～9 周龄发病率最高。气囊炎型通常是由大肠杆菌和其他病原微生物（如支原体、传染性支气管炎病毒、新城疫病毒等）混合感染。病鸡表现甩头，咳嗽，呼吸困难。

6. 脑炎型 表现神经性症状，如颈斜、歪头打转、抽搐、伸颈、行动失调等，还表现采食减少，腹泻。

7. 肿头综合征型 表现眼周围、头部、颌下、肉髯及颈部上 2/3 水肿，病鸡打喷嚏并发出“咕咕”怪叫声。

【病理变化】

1. 急性败血型 主要病变是纤维素性心包炎、肝周炎和气囊炎，脏器和气囊表面有膜状或斑点状的纤维素凝块，厚薄不一。肝肿大、实质内有坏死点。脾肿大、淤血。肠壁充血，肠黏膜有大量黏液。

2. 气囊炎型 多侵害胸气囊，也能侵害腹气囊。表现为气囊浑浊、增厚不透明，上附有黄白色干酪样渗出物。可继发心包

炎、肝周炎和腹膜炎。

3. 肝周炎型　肝脏肿大，肝脏表面有一层黄白色的纤维蛋白附着。肝脏质地变硬，表面有许多大小不一的坏死点，严重者渗出的纤维蛋白与胸壁、心脏、胃肠道粘连。

4. 纤维素性心包炎型　心包膜浑浊增厚，心包腔中有脓性分泌物，心包膜及心外膜上有纤维蛋白附着，呈白色，严重者心包膜与心外膜粘连。

5. 肉芽肿型　其特征是肝、盲肠、十二指肠、肠系膜等处形成大小不等的灰白或灰黄色结节，结节表面光滑，切面黄白色略呈放射状、环状波纹或多层性，中心有脓点。

6. 输卵管炎和肠炎型　成年鸡多表现为输卵管炎和肠炎。肠炎型病鸡发生顽固性腹泻，粪便腥臭，肛门下方羽毛沾污粪便，肠黏膜有针尖状出血点。输卵管炎型病鸡往往腹部膨大、下垂；输卵管高度扩张，输卵管和腹腔内有蛋黄凝块。输卵管管壁肿胀潮红；输卵管黏膜发炎，有针尖状出血点和淡黄色纤维素性渗出物。

7. 脑炎型　幼雏多发。主要病变为脑膜充血、出血，脑实质水肿，脑脊髓液增加。

8. 关节炎型　多见于肉仔鸡。表现为跗关节和趾关节肿大，关节腔中含有纤维蛋白渗出或浑浊的关节液，滑膜肿胀、增厚。

9. 眼炎型　打开眼睑时，可见前房有黏液脓性或干酪样分泌物，甚至角膜穿孔，失明。

10. 肿头综合征型　头部、眼部、下颌及颈部皮下黄色胶样渗出。

总之，出现心包炎、肝周炎、气囊炎、腹膜炎，气味恶臭为大肠杆菌病的主要病变特征。

【诊　断】根据流行病学、临床症状及病理剖检特征，对某些病型可以做出诊断。但对于大部分病型，需要依靠实验室检验，包括细菌分离鉴定以及致病力试验。

【防治措施】

1. 预防 加强饲养管理，降低饲养密度，搞好育雏期温度的控制，注意通风换气；加强消毒，特别注意接雏前育雏舍的清理和消毒工作，做好人员、车辆、用具的消毒；选择敏感药物或益生素预防该病的发生；对于大肠杆菌较严重的鸡场，可做病原的分离、培养，制成灭活苗进行免疫接种。

2. 治疗 用于治疗该病的药物很多，常用的有庆大霉素、丁胺卡那霉素、环丙沙星、恩诺沙星、头孢噻呋、氟苯尼考等。但是由于长期不规范用药，造成该细菌耐药性很严重。有条件的最好先分离细菌做药敏试验，选择高敏药物进行治疗，避免盲目用药。

二、鸡 白 痢

鸡白痢是由鸡白痢沙门氏菌引起雏鸡的一种急性败血性传染病。它对雏鸡危害严重，特别是2周龄内的雏鸡，发病率高，死亡率高。

【病　原】 鸡白痢沙门氏菌是一群寄生于人和动物肠道内的无芽孢直杆菌，为两端钝圆的细小革兰氏阴性杆菌，除极少数外，通常都以周身鞭毛运动。该菌属于肠杆菌科，主要有O和H两种抗原。该菌为需氧或兼性厌氧，在普通琼脂培养基和麦康凯培养基上生长良好，在肠道杆菌鉴别或选择性培养基上大多数菌株因不能发酵乳糖而形成无色菌落，绝大多数发酵葡萄糖产酸产气，在三糖铁琼脂上常产生硫化氢。可利用葡萄糖、甘露醇产生硫化氢和甲基红。沙门氏菌属具有广泛的致病性，但鸡白痢沙门氏菌具有高度适应性和专嗜性，仅使鸡发病。各种品种的鸡均有易感性。该菌对热和常规消毒剂的抵抗力不强，但在自然环境中耐受性较强，其抵抗力与大肠杆菌相似。

【流行病学】 本病在育雏阶段易流行，3周龄以内的雏鸡易

血、出血性炎症，以十二指肠最为严重，肠内容物含血液，黏膜红肿，有许多出血点和出血斑，有时黏膜覆有黄色纤维蛋白小块。心外膜和心冠脂肪有出血点，心包积液呈淡黄色，并混有纤维蛋白，心肌和心内膜亦见有出血点。肺充血或有小出血点。

3. 慢性型　因侵害器官不同而有差异，病变多局限于某些器官。呼吸道出现症状时，鼻腔、鼻窦及上呼吸道内有黏液，肺脏硬化。病变局限于关节炎病变时，可见关节肿大，切开见有炎性渗出物或干酪样坏死物。公鸡肉髯水肿、化脓，内有干酪样物。母鸡发病时，可见卵巢出血，卵黄破裂，腹膜有变性和干酪样物。

【诊　断】根据流行病学特点、临床症状和病理变化的特征可以做出初步诊断。确诊需进行实验室诊断，包括：分离细菌涂片镜检、细菌培养、动物试验和血清学诊断。

【防治措施】

1. 预防　平时搞好饲养卫生管理，提高禽体的免疫力。防止不利因素的影响，如饲养密度高，鸡群太拥挤，鸡舍潮湿，营养缺乏，内寄生虫侵袭以及长途运输等。做好自繁自养，如果引进种禽或幼禽，不要从疫区购买，同时进行严格检疫，隔离2周以上，证明无病时再混群。在高发疫区应考虑进行疫苗接种，但巴氏杆菌疫苗接种效果不太理想。必要时，用自家灭活苗免疫提高预防效果。

2. 治疗　发生本病时，对病禽应进行隔离治疗。可选用氟苯尼考粉、黄连解毒散、盐酸环丙沙星可溶性粉等。可先进行药敏试验筛选出敏感药物。必要时应进行紧急宰杀加工。对死鸡应深埋或焚烧。对鸡舍、运动场进行彻底消毒。

四、鸡葡萄球菌病

葡萄球菌病是由金黄色葡萄球菌引起鸡的一种急性败血性

或慢性传染病。临床表现为败血症、关节炎、雏鸡脐炎、皮肤坏死等。

【病　原】 葡萄球菌为圆形或卵圆形，常单个、成对或葡萄状排列，革兰氏染色阳性，无鞭毛，无荚膜，不产生芽孢。葡萄球菌在自然界中分布很广，金黄色葡萄球菌是唯一对家禽有致病力的菌种。该菌在固体培养基上培养呈葡萄串状排列；在液体培养基中可能呈短链状；培养物超过24小时，革兰氏染色可能呈阴性；5%血液培养基上容易生长，18～24小时生长旺盛；在固体培养基上培养24小时，金黄色葡萄球菌形成圆形、光滑的菌落，直径1～3毫米。金黄色葡萄球菌是兼性厌氧菌，致病菌株呈β–溶血，凝固酶阳性，能发酵葡萄糖和甘露醇，并能液化明胶。该菌的致病力取决于其产生毒素和酶的能力，已知致病性菌株能产生透明质酸酶、脱氧核糖核酸酶、溶纤维素蛋白酶、酯酶、蛋白酶、溶血素、杀白细胞酶、皮肤坏死素、表皮脱落素及肠毒素等。葡萄球菌对热、消毒剂等理化因素抵抗力较强，并可耐高渗。以苯酚消毒效果较好，3%～5%浓度经10～15秒死亡。该菌对青霉素、金霉素、新霉素、卡那霉素和庆大霉素敏感，但近年来由于人们滥用抗生素，产生较多耐药菌株，因此用药前应经过药敏试验筛选敏感药物。

【流行病学】 多种禽类对葡萄球菌都敏感，鸡、鸭、鹅和火鸡均易感染发病。各种年龄的鸡均可发生，但以集约化养鸡场，尤其是30～80日龄高发，网上平养、地面平养较笼养多发。该病一年四季均可发生，以潮湿多雨季节发病较多，饲养管理不善、营养缺乏（尤其缺硒）等均能促进该病的发生。该病的发生与创伤有关，凡能造成皮肤黏膜损伤的因素，如带翅号、断喙、刺种疫苗、网刺、扭伤、啄伤等，都可成为发生的诱因。雏鸡脐带感染，也常发生此病，此外当鸡痘发生时，可致该病暴发。

【临床症状】 由于病原菌侵害部位不同，临床表现有多种类型。

1. 败血型　多发生于30～70日龄的中雏，由于急性败血症突然死亡，临床表现不明显。病程较长者，精神、食欲不好，低头缩颈，呆立，不愿走动，病后1～2天死亡。

2. 皮炎型　病程多在2～5天。该型最为严重，造成的损失最大。病鸡精神沉郁，羽毛松乱，食欲不好，部分病鸡腹泻，胸腹部、翅、大腿内侧等处羽毛脱落，皮肤外观呈紫色或紫红色，皮下呈胶冻样水肿，有波动感，有些自然破溃流出液体粘连周围羽毛。

3. 脐炎型　新生雏鸡脐环发炎肿大，腹部膨大（大肚脐），卵黄可从脐部渗出，伴有恶臭。

4. 关节炎型　多发生于趾、跖、跗关节，常见一侧关节肿胀，局部有热痛感，呈紫红或紫黑色，有时破溃，并结成污黑色痂。

5. 胸囊肿型　一般多发生于肉鸡。肉鸡长到一定重量后，由于休息时，利用胸部承受身体的重量，从而龙骨受到机械性压迫甚至挫伤，形成胸部囊肿。

6. 眼型　表现为头部肿大，上下眼睑肿胀，闭眼，有脓性分泌物，眼结膜化脓，有多量分泌物，并见肉芽肿，时间久者，眼球下陷，失明，多因饥饿、践踏、衰竭而死亡。

7. 趾瘤型　多见于育成鸡与成鸡，趾底部肿胀呈瘤状。

8. 趾尖干涸型　多见于雏鸡。病鸡趾尖和爪部变紫黑色，坏疽，坏死脱落。

9. 化脓性骨髓炎型　俗称“伏卧病或骨弱病”，多发生于40日龄以上的肉鸡。表现为突然发病，精神沉郁，食欲下降，腿软，举步困难甚至伏卧不能站立，股骨颈部脆，很容易发生骨折。

10. 雏鸡脑骨髓炎型　雏鸡表现扭颈、歪头、仰头、两翅下垂、腿轻度麻痹等神经症状，趾严重弯曲，行走时表现明显的共济失调。

【病理变化】

1. 败血型 肝脾肿大、出血。心包积有淡黄色液体。肠道黏膜充血、出血。肺脏充血。肾脏淤血、肿胀。心内、外膜，冠状脂肪有出血点或出血斑。

2. 皮炎型 病死鸡局部皮肤水肿，羽毛脱落，呈青紫色或深紫红色，触之有波动感，切开水肿皮肤，可见皮下有数量不等的胶冻样黄色或紫红色液体。有时仅见翅膀内侧、翅尖或尾部皮肤形成大小不等出血、糜烂和炎性坏死。胸肌及大腿肌肉有出血斑点或带状出血，或皮下干燥肌肉呈紫红色。有的病死鸡皮肤无明显变化，但胸、腹或大腿内侧等皮下具有灰黄色胶冻样水肿液。肝脏有出血点及白色坏死点。

3. 脐炎型 病死鸡腹部增大，脐孔闭合不全，周围皮肤浮肿、发红，皮下有较多红黄色渗出液，多呈胶冻样。

4. 关节炎型 关节肿胀处皮下水肿，关节液增多，关节腔内有淡黄色干酪样渗出物。

5. 胸囊肿型 病鸡由于胸骨与皮肤之间出现明显的囊肿，按压患部有波动感，囊腔内充满淡棕色液体；时间较长者，可变为干酪样物。

6. 眼型 除眼炎、机体衰竭外，少数病例可见鼻腔蓄脓、气囊炎及口腔小溃疡等。

【诊　断】根据流行特点、临床症状、病理变化可做出初步诊断。确诊需做实验室检验。从病死鸡采取关节液、肝脏、脾脏等病料接种培养基，同时涂片、革兰氏染色镜检。病料接种于普通琼脂平板上，37℃培养 24 小时，见到表面光滑、湿润、稍隆起、颜色淡黄，室温下放置后颜色逐渐加深至橘黄色菌落。镜检见到革兰氏染色阳性、呈葡萄串状排列或短链状排列球菌，可确诊。

【防治措施】

1. 预防 葡萄球菌广泛分布于自然界中，防该本病的关键

是做好平时的预防工作。消除引起鸡外伤的因素，保持笼、网、鸡舍的光滑平整，保证垫料的质量，减少鸡爪垫的损伤。定期或不定期进行圈、舍、笼及运动场的消毒。合理调整饲养密度，注意鸡舍温度、湿度和通风。加强饲养管理，避免或减少应激因素，保证饮水和饲料的清洁。

2. 治疗 金黄色葡萄球菌极易产生耐药性，治疗时有条件的最好先做药敏试验，选择敏感药物进行治疗。庆大霉素、卡那霉素、环丙沙星、恩诺沙星等有不同的治疗效果。发病后立即全群给药；首先选择口服易吸收的药物，病情严重的，可结合肌内注射给药。

五、鸡绿脓杆菌病

鸡绿脓杆菌病是由绿脓杆菌引起雏鸡的一种急性、败血性疾病。其特征是发病急骤，病程短促，病雏高度沉郁，衰竭，脱水，角膜浑浊，很快死亡。

【病　原】 绿脓杆菌又称铜绿假单胞菌，属假单胞菌属Ⅰ群。为革兰氏染色阴性、两端钝圆的短小杆菌，能运动，菌体一端有一根鞭毛，单个或成双排列，偶见短链。该菌在培养基上生长时可产生绿脓素和荧光素；在普通培养基上生长良好，形成的菌落为圆形、隆起、湿润黏稠，多数边缘整齐，淡绿色，有芳香气味；在普通肉汤培养基中培养 24 小时呈浑浊状态，继续培养至 72 小时产生菌膜，培养液呈蓝绿色黏稠状；在麦康凯培养基上生长良好，菌落呈灰绿色；三糖铁培养基中不产生硫化氢，菌落呈灰色，斜面部位呈粉红色。该菌 55℃经 1 小时可灭活，干燥条件下 2～3 天死亡，潮湿环境中存活 2～3 周。一般消毒药可将其杀死。

【流行病学】 该病可发生于各种年龄的鸡群，主要危害雏鸡，1～35 日龄多发，发病率和死亡率高低不一，7 日龄以内的雏鸡常呈暴发性死亡，死亡率可达85%，一年四季均可发生。绿脓杆菌广泛分布于土壤、水和空气中，种蛋在孵化过程中污染绿脓杆菌是雏鸡暴发该病的主要原因。接种疫苗、药物注射及其他原因造成的创伤，是绿脓杆菌感染的重要途径。在正常畜禽的肠道、呼吸道及皮肤常有绿脓杆菌的存在，在各种应激因素的刺激下，也可引起机体发生内源性感染。该病一年四季均可发生，但以春季出雏多发。

【临床症状】

1. 急性型 多呈败血症经过，多见于雏鸡。该鸡表现精神不振，卧地嗜睡，体温升高，食欲减少甚至废绝。腹部膨大，手压柔软，外观呈暗青色，俗称“绿腹病”。不同程度下痢，排出黄绿色或白色水样粪便。呼吸困难，同时眼睑、面部发生水肿。部分病例还出现站立不稳、颤抖、抽搐等共济失调症状，最后常衰竭死亡。病程长者多伴有神经症状，表现头颈朝一侧弯曲，盲目前冲。

2. 慢性型 以眼炎、关节炎、局部感染为主。眼类型表现眼睑肿胀，角膜炎，结膜炎，眼睑内有多量淡绿色脓性分泌物，严重时单侧或双侧失明。关节炎型病鸡表现跛行，关节肿大。局部感染型在感染的伤口处流出黄绿色脓液。

【病理变化】 病鸡颈部、脐部皮下呈黄绿色胶冻样浸润，严重者可见皮下肌肉有出血点或出血斑。内脏器官不同程度充血、出血。肝脏脆而肿大，呈土黄色，有淡灰黄色小点坏死灶，胆囊充盈。肾脏肿大，表面有散在出血小点。肺脏充血，有的见出血点，肺小叶炎性病变，呈紫红色或大理石样变化。心冠脂肪出血，并有胶冻样浸润，心内、外膜有出血斑点。腺胃黏膜脱落，肌胃黏膜有出血斑，易于剥离。肠黏膜充血、出血严重。脾肿大，有出血小点。气囊浑浊、增厚。侵害关节的，可见关节肿大，关节液浑浊、增多。

【诊　断】 根据流行特点、临床症状和病理变化可做出初步

诊断。确诊需做病原体的分离鉴定及动物试验。

【防治措施】

1. 预防　加强饲养管理，搞好卫生消毒工作。接种疫苗时注射器械要严格消毒，平时应严格做好种蛋、孵化器、孵化室的消毒工作等。

2. 治疗　发病鸡应用抗生素治疗，有条件的根据药敏试验结果选择用药。庆大霉素、丁胺卡那霉素、硫酸黏杆菌素和环丙沙星等常用于治疗本病。

六、鸡链球菌病

鸡链球菌病是鸡的一种急性败血性或慢性传染病。雏鸡和成年鸡均可感染，多呈地方流行。其主要特征是昏睡，持续性下痢，跛行和瘫痪，或有神经症状；剖检可见皮下组织及全身浆膜水肿、出血，实质器官如肝、脾、心、肾肿大，有点状坏死。

【病　原】 链球菌属的细菌种类较多，在自然界分布很广。引起鸡链球菌病的病原为鸡链球菌。链球菌为圆形的球状细菌，革兰氏染色阳性，老龄培养物有时呈阴性，不形成芽孢，不能运动，呈单个、成对或短链存在。该菌为兼性厌氧菌，在普通培养基上生长不良，在含鲜血或血清的培养基上生长较好。最适生长温度为37℃，pH值7.4～7.6。在血液琼脂培养基上，生长成无色透明、圆形、光滑、隆起的露滴状小菌落；在液体培养基中不形成菌膜；在血清肉汤培养基中，多数管底呈绒毛状或呈颗粒状沉淀物生长，上清液清亮；在麦康凯培养基上不生长。禽源链球菌可发酵甘露醇、山梨醇和L–阿拉伯糖。

【流行病学】 家禽中鸡、鸭、火鸡、鸽和鹅均有易感性，其中以鸡最敏感。兽疫链球菌主要感染成年鸡，粪链球菌对各种年龄的禽均有致病性，但多侵害幼龄鸡。病禽和健康禽排出病原，污染养禽环境，通过消化道或呼吸道感染。也可发生内源性感染。还可经皮肤和黏膜伤口感染，特别是笼养鸡多发。新生雏可通过脐带感染。孵化用蛋被粪便污染，经蛋壳污染感染胚，可造成晚期胚胎死亡及孵出弱雏，或成为带菌雏。该病的发生往往与一定的应激因素有关，如气候变化、温度降低等。禽舍卫生条件差，阴暗、潮湿、空气浑浊的多发。该病发生无明显的季节性。一般为散发或地方流行。

【临床症状】

1. 急性型 主要表现为败血症症状。病鸡突然发病，精神委顿，嗜睡或昏睡状，食欲下降或废绝，羽毛松乱，无光泽，鸡冠和肉髯发绀或变苍白，有时可见肉髯肿大。腹泻，排出淡黄色或灰绿色稀粪。成年母鸡产蛋下降或停止。急性病程 1～5 天。

2. 亚急性 / 慢性型 病程较缓慢。病鸡精神差，食欲减少，嗜睡，重者昏睡，喜蹲伏，头藏于翅下或背部羽毛中，消瘦，跛行，头部震颤，或仰于背部，喙朝天，部分病鸡腿部轻瘫，站不起来。有的病鸡发生眼炎和角膜炎，眼结膜发炎，肿胀、流泪，有纤维蛋白性炎症，上覆一层纤维蛋白膜；重者可造成失明。

【病理变化】

1. 急性型 皮下、浆膜及肌肉水肿，心包内及腹腔有浆液性、出血性或浆液纤维素性渗出物。心冠状沟及心外膜出血。肝脏肿大，淤血，暗紫色，有出血点和坏死点，有时见有肝周炎。脾脏肿大，呈圆球状，或有出血和坏死。肺脏淤血或水肿。有的病例喉头有干酪样粟粒大小坏死，气管和支气管黏膜充血，表面有黏性分泌物。肾肿大。有的病例发生气囊炎，气囊浑浊、增厚。有的肌肉出血。多数病例见有卵黄性腹膜炎及卡他性肠炎；少数腺胃出血或肌胃角质膜糜烂。

2. 慢性型 主要表现纤维素性关节炎，腱鞘炎，输卵管炎和卵黄性腹膜炎，纤维素性心包炎，肝周炎，实质器官（肝、脾、心肌）发生炎症、变性或梗死。

【诊　断】 根据流行特点、临床症状和病理变化可做出初步

诊断。确诊需做病原病的分离鉴定及动物试验。

【防治措施】

1. 预防　该病无有效疫苗可用，预防主要是做好饲养管理工作，供给营养丰富的饲料，精心饲养；注意空气流通，提高鸡体的抗病能力。认真贯彻执行兽医卫生措施，保持鸡舍清洁、干燥，定期进行鸡舍及环境的消毒工作；勤捡蛋，粪便污染的蛋不能用于孵化；入孵前，孵化房及用具应做好清洁，并消毒；入孵蛋用甲醛熏蒸消毒。带鸡消毒是常采用的有效措施。

2. 治疗　该病可用青霉素、氨苄青霉素、新霉素、庆大霉素、卡那霉素、红霉素、四环素、土霉素、金霉素等抗菌药物，必要时应进行药敏试验，选择敏感药物治疗。

七、鸡传染性鼻炎

鸡传染性鼻炎是由副鸡嗜血杆菌引起的一种鸡的急性上呼吸道疾病。临床上以鼻炎、结膜炎和窦炎为特征。

【病　原】 副鸡嗜血杆菌系巴斯德氏菌科、嗜血菌属。该菌是革兰氏染色阴性，无鞭毛，无荚膜，无运动性的杆菌，呈两极染色特性。在24小时培养物中呈短杆状或球杆状，单个、成双或短链，长1～3微米，宽0.4～0.8微米，有时形成弯曲的丝状。该菌在含10%二氧化碳条件下，在鸡血或巧克力琼脂培养基上于37℃培养24～48小时，发育成青灰色、半透明、光滑、边缘整齐、直径约0.3毫米的针尖状菌落，不溶血，在斜射阳光下可见光滑型带虹光、粗糙型无虹光以及中间型的菌落形态；在普通培养基中不能生长。该菌在离开鸡体后抵抗力非常弱。一般消毒药均能将其杀死。在体外实验中，该菌对新霉素和四环素等多种药物均敏感。

【流行病学】 鸡是副鸡嗜血杆菌的自然宿主，各种年龄的鸡均易感，但多发于青年鸡和老龄鸡，老龄鸡感染较严重。该病最常发生于秋冬两季。传染源是病鸡和健康带菌鸡，慢性病鸡及隐性带菌鸡是鸡群中发生传染性鼻炎的重要原因。主要通过空气和尘埃，也可经污染的饲料、饮水用具、饲养人员的流动传播。饲养密度过大，尤其在冬季，鸡舍换气不良，氨气蓄积，刺激鸡呼吸道黏膜和眼结膜，成为发病诱因。此外，寄生虫侵袭和营养不良，均能增加该病的严重程度和持续时间。鸡群接种禽痘疫苗引起的全身反应，也常常是该病的诱因。

【临床症状】 该病潜伏期很短，自然感染潜伏期为 1～3 天。流行初期仅少数鸡流鼻涕，打喷嚏，几天后大批鸡感染，发病率可高达 90% 以上。病鸡精神沉郁，蹲伏于一隅，食欲减退。成年鸡出现呼吸困难和甩头，随后一侧或两侧面部、眼睑和鼻窦肿胀，结膜发炎，有黏液、脓性干酪样分泌物堆积；严重的整个头部肿大；病程长的角膜浑浊、眼睑结合造成失明。若炎症蔓延至下呼吸道，则呼吸困难，有啰音；若转为慢性和并发其他疾病，则鸡群所在的舍内有腥臭味，甚至有腐尸气味。雏鸡发病常见张口呼吸，眼睑黏着，多因觅食和行动困难而饥饿、衰竭死亡，幸存雏鸡发育停滞或增重缓慢，弱残鸡增多，淘汰率一般在 30% 以上。蛋鸡除表现成年鸡症状外，开产期延迟，产蛋量显著下降。

【病理变化】 主要表现为鼻腔、眶下窦和眼结膜的急性卡他性炎症变化，黏膜充血、肿胀，表面覆有大量黏液，窦内有渗出物凝块，而后成为干酪样坏死物；面部和肉髯的皮下水肿。病程较长的可在气囊、腹腔和输卵管内见到乳黄色干酪样分泌物。偶尔可见肺炎。

【诊　断】 根据流行特点、临床症状和病理变化，可以做出初步诊断。确诊本病需做细菌学检查和血清学诊断，如补体结合试验、间接血凝实验、直接荧光抗体试验及酶联免疫吸附试验等。

【防治措施】

1. 预防 加强饲养管理，搞好卫生消毒。实行自繁自养，引种时做好检疫，严防带入本病。免疫接种是预防本病的主要措

施之一。目前主要使用灭活菌苗，国内预防以A型单价灭活苗为主，分2次于3～5周龄和开产前进行。一旦发生本病，必须立即清除病鸡，或严格隔离治疗，被污染的鸡舍和设备须进行严格清洗消毒，最好空闲2～3周后再引进新的鸡群。

2. 治疗　磺胺类药物是治疗该病的首选药物，如磺胺间甲氧嘧啶、复方新诺明等。该病易复发，用药间隔3～5天，应重复1个疗程。同时易继发或并发慢性呼吸道病，应注意预防，可选用强力霉素、泰乐霉素、替米考星等药物。

八、鸡弧菌性肝炎

鸡弧菌性肝炎又称鸡弯曲杆菌病，是由空肠弯曲杆菌引起的细菌性传染病。临床上以肝脏肿大、出血、坏死为特征。

【病　原】该病是由弯曲杆菌属中的嗜热弯曲杆菌感染所致。该菌呈纤细、螺旋状、S形、逗点状等多种形态，并具有多个弯曲。菌体两端有单鞭毛，呈特征性的螺旋状运动，革兰氏染色阴性，微需氧。该菌对营养要求较高，菌落特点为扁平、光滑、湿润，半透明或灰色，呈露珠样。该菌对氧敏感，故在外界环境中易死亡，对干燥抵抗力弱，对酸和热敏感，对常用消毒剂敏感。

【流行病学】该病在自然条件下只感染鸡和火鸡，较常见于初产或已开产数月的母鸡，偶尔也发生于雏鸡。感染途径主要是消化道。病原菌随粪排出，污染饲料、饮水和用具，被健康鸡采食后而感染。多呈散发性或地方性流行。该病发病率高，死亡率一般为2%～5%。饲养管理不善、应激反应以及患球虫病、大肠杆菌病、霉形体病、鸡痘等是该病发生的诱因。

【临床症状】本病无特征性症状。病鸡主要表现精神不振，渐进性消瘦，鸡冠萎缩苍白、干燥。

【病理变化】本病特征病变是肝脏肿大、质脆、易碎，有时

肝质如泥；肝脏褪色，实质变性；呈现局灶性星状黄色坏死，有时肝脏包膜有不规则出血或血肿。慢性可见腹水和心包炎，心肌苍白，有坏死点；肾脏肿胀、褪色；卵巢变性，有时卵泡破裂，卵黄掉入腹腔，引起卵黄性腹膜炎。产蛋鸡突然死亡，腹腔积满血水，子宫内常有完整的鸡蛋。

【诊　断】根据流行特点、临床症状和剖检变化，可以做出初步诊断。确诊须进行细菌学检查和血清学诊断。应注意与鸡马立克氏病、沙门氏菌病、淋巴白血病、脂肪肝综合征等相区别。

【防治措施】

1. 预防　加强饲养管理，严格卫生消毒，减少各种应激因素。

2. 治疗　可选用强力霉素，庆大霉素、环内沙星或恩诺沙星等药物，为防止复发，用药疗程可延至 8～10 天。有条件的应先做药敏试验，选择敏感药物进行治疗。

九、禽结核病

鸡结核病是由禽分枝杆菌引起的一种慢性接触性传染病。主要特征是慢性经过，渐进性消瘦、贫血、产蛋量减少或停产；剖检可见各组织器官，尤其是肝脏、脾脏和肠道形成结核结节。

【病　原】禽分枝杆菌是分枝杆菌属的一种，其特点是细菌短小，具有多型性，细长、正直或略带弯曲，有时呈杆状、球菌状或链球状等。该菌无芽孢，无荚膜，无鞭毛，不能运动；革兰氏阳性，有耐酸染色的特性，用萋－泥氏染色法染色时，呈红色，而其他一些非分枝杆菌染成蓝色，这种特性可用于该病的诊断。该菌为专性需氧菌，对营养的要求比较严格，必须在含有血清、牛乳、卵黄、马铃薯、甘油及某些无机盐类的特殊培养基中才能生长。该菌对外界环境的抵抗力较强，特别是对干燥的抵抗力最强。对常用的磺胺药和抗生素均不敏感，链霉素等抗生素和

异烟肼、对氨基水杨酸、利福平等药物，有抑菌或杀菌作用。

【流行病学】 禽分枝杆菌主要侵害家禽和鸟类，各种品种和不同年龄的家禽均可感染。病禽是主要传染源，主要经消化道感染，也可由吸入带菌的尘埃经呼吸道感染。禽舍及环境卫生条件差，消毒不严，管理不善，密度过大，阴暗潮湿，通风不良等均可促进该病的发生。该病多为散发，发病率极低。雏鸡比成鸡易感，但发病鸡多为成年鸡。

【临床症状】 病鸡精神沉郁，食欲正常，但体重减轻，消瘦，胸肌萎缩，龙骨变形，体形瘦小，鸡冠、肉髯和耳叶褪色萎缩，常下痢，有的瘫痪。

【病理变化】 病鸡肝肿大，有粟粒至大豆大的黄白色结核结节，有的融合成大结节；脾肿大数倍，散发大量黄白色硬实结节；小肠、盲肠、肺、骨等组织器官均可见结核结节。

【诊　断】 根据流行特点、临床症状和剖检变化，可以做出初步诊断。确诊须进行细菌学和组织病理学检查，可进行结核菌素试验。

【防治措施】 淘汰感染鸡群，对鸡舍、设备等进行彻底消毒。引进鸡时要进行隔离检疫。对患病鸡群一般不主张治疗，及时淘汰处理即可。

十、禽李氏杆菌病

禽李氏杆菌病又称禽单核细胞增多症，是由李氏杆菌引起禽类的一种散发性传染病。鸡感染后主要表现为单核细胞增生性脑膜脑炎、坏死性肝炎和心肌炎等症状。

【病　原】 李氏杆菌是一种球杆菌，革兰氏染色阳性，菌体多呈单个散在排列，有时呈“V”字形成对排列，有时呈短链排列。该菌无芽孢，一般无荚膜，具有运动性，属需氧兼性厌氧菌。对物理和化学因素抵抗力较强。对青霉素 G、氨苄青霉素、四环素、新霉素和磺胺嘧啶钠敏感。

【流行病学】 该病易感动物种类甚广，鸡、鸭、火鸡、鹅和金丝雀等均易感。患病禽类和带菌者是传染源。可通过消化道、呼吸道、眼结膜及受伤的皮肤感染。污染的饲料、饮水和吸血昆虫可能是主要的传播媒介。流行特点为散发型，偶尔呈地方性流行，发病率低，致死率高。发病季节多在 3～5 月份，冬季亦有发生。各种年龄的禽类都易感，但幼龄比成年禽易感，发病也较急，多呈败血症经过。在冬季缺乏青饲料、营养不良，气候骤变，黏膜抵抗力低下，寄生虫或沙门氏菌感染、维生素 A 和维生素 B 缺乏时，可诱发该病。

【临床症状】 该病主要危害 2 月龄以下的雏鸡。发病前无明显临床症状，突然发病。病初精神委顿，羽毛粗乱，离群孤立，下痢，食欲不振，鸡冠、肉髯发绀，严重脱水，皮肤呈暗紫色。随病程发展，表现两翅下垂，两腿软弱无力，行动不稳，卧地不起，倒地侧卧，两腿不停划动。有的则表现为无目的地乱跑、尖叫，头颈侧弯、仰头，腿部发生阵发性抽搐，最终死亡。病程 1～3 周，死亡率可高达 85% 以上。

【病理变化】 脑膜和脑血管明显充血。心肌有坏死灶，心包积液，心冠脂肪出血。肝脏呈土黄色，肿大，并有黄白色坏死点和深紫色瘀血斑，质脆易碎。脾脏肿大，呈黑红色。腺胃、肌胃和肠黏膜出血，黏膜脱落呈卡他性炎症。肾脏肿大，有炎症变化。有的腹腔内含有大量血样物。显微镜检查，在变性或坏死的区域可观察到大量的单核细胞浸润，坏死区及其周围可见革兰氏阳性杆菌；脑组织变化，神经胶质细胞增生以及大脑髓质形成血管套。有败血症时，常见肝化脓灶及心肌变性。肝、脑病变区以淋巴细胞、巨噬细胞和浆细胞浸润为特征。

【诊　断】 根据流行特点、临床症状和剖检变化，可以做出初诊。确诊须进行细菌学检查、动物实验及血清学诊断。

【防治措施】 加强饲养管理，禽舍定期消毒。该病对幼龄雏危害较大，因此加强育雏期的管理，提高机体抵抗力是预防该病的主要措施。治疗应选用敏感药物。氨基青霉素和苄基青霉素 G 对本病菌有抑制作用。链霉素有较好治疗作用，但易使病菌产生耐药性。据报道，四环素粉剂，按 0.06%～0.1% 混饲，连用 3～5 天。庆大霉素注射液用生理盐水稀释后，每只雏鸡 5 000～10 000 单位，肌内注射，每天 1 次，连用 2～3 天，有较好治疗作用。

第四章
其他病原引起的传染病

一、鸡支原体病

鸡支原体病是由鸡毒支原体（慢性呼吸道疾病）和滑膜支原体（传染性滑膜炎）感染引起的鸡的一种慢性传染病。在饲养量大、密度高的鸡场容易发生流行。鸡群一旦感染就难以清除，严重危害养鸡业，常造成严重经济损失。

【病　原】

1. 慢性呼吸道疾病　鸡毒支原体用姬姆萨染色效果良好，革兰氏染色呈弱阴性，一般为球形。培养时对营养要求较高，在血清琼脂培养基上于37℃潮湿环境下培养5～6天后可出现光滑、圆形、透明细小的菌落，具有一个致密的、突起的中心点。本支原体能分解葡萄糖、麦芽糖、果糖、甘露醇，产酸不产气，不分解乳糖、卫矛醇或水杨苷。能凝集鸡、火鸡的红细胞。对外界环境的抵抗力不强，离体后迅即失去活力。在低温条件下能长期保存。一般常用消毒药都能将之杀死。

2. 鸡传染性滑膜炎　滑膜支原体与鸡毒支原体在许多特性上是相似的，经姬姆萨染色表现为多形态的球状体，它需要辅酶作为生长素，在固体培养基上培养3～7天后，可见圆形、隆起、略似花格状有中心或无中心的菌落。培养特性和对外界环境的抵抗力与鸡毒支原体相似。

【流行病学】

1. 鸡毒血支原体　自然感染发生于鸡和火鸡，尤以4～8周龄雏鸡最易感。成年鸡感染时，如无其他病原体继发感染，则多呈隐性经过，仅表现为产蛋量、孵化率下降和增重受阻等现象。病鸡和隐性感染鸡是传染源。当病鸡与健康鸡接触时，病原体通过飞沫或尘埃经呼吸道吸入而传染。此外，同一鸡舍中，病原体通过污染的器具、饲料、饮水等方式也能使该病由一个群传至另一个鸡群。经蛋传播常是此病代代相传的主要原因。在感染公鸡的精液中也发现有病原体存在，因此配种也可能发生传染。该病一年四季均可发生，但以寒冬及早春最严重，一般在鸡群中传播较为缓慢，但在新发病的鸡群中传播较快。一般发病率高，死亡率低。根据所处的环境因素不同。病情的严重程度及病死率差异很大，一般死亡率为10%～30%，当鸡群同时受到其他病原微生物和寄生虫侵袭，以及能使鸡抵抗力降低的多种因素作用时，如气雾免疫、卫生不良、拥挤、营养不良、气候突变及寒冷时，均可促使该病的暴发和复发，加剧病情，使死亡率增高。

2. 滑膜支原体　自然宿主是鸡和火鸡。急性感染一般见于4～16周龄的鸡，偶见于成年鸡，在急性感染期后出现的慢性感染可持续达5年或更长，慢性感染可见于任何年龄。主要经直接接触传播，也可通过呼吸道传播和种蛋垂直传播。此外，还可通过空气、衣服、车辆、用具机械地远距离传播。鸡的发病率常因感染的途径、环境等因素而不等，一般为5%～15%。死亡率通常很低，为1%～10%。

【临床症状】

1. 鸡慢性呼吸道病　典型症状主要发生于幼龄鸡，若无并发症，发病初期，则表现鼻腔及其邻近的黏膜发炎，病鸡出现浆液或浆液－黏液性鼻漏，打喷嚏，窦炎，结膜炎及气囊炎。中期，炎症由鼻腔蔓延到支气管，病鸡表现为咳嗽，有明显的湿性啰音。后期，炎症进一步发展到眶下窦等处时，引起眼睑肿胀，向外突出如肿瘤，视觉减退，甚至失明。食欲减退，鸡体因缺乏营养而消瘦，雏鸡生长缓慢，母鸡产蛋期产蛋量大大下降，一般为10%～40%，种蛋孵化率降低10%～20%，弱雏增加10%。

2. 鸡传染性滑膜炎 初期病鸡是冠色苍白，步态改变，表现轻微“八”字步，羽毛无光蓬松，离群呆立，发育不良，贫血，缩头闭眼。常见含有大量尿酸或尿酸盐的绿色排泄物。随着病情发展，病鸡表现明显“八”字步，跛行，喜卧，羽毛逆立，发育不良，生长迟缓，冠塌下，关节周围常有肿胀，跗关节及足掌是主要感染部位。病鸡表现不安，脱水和消瘦。至发病后期，关节变形，久卧不起，甚至不能行走，无法采食，极度消瘦。

【病理变化】

1. 慢性呼吸道疾病 病鸡的呼吸道、窦腔、气管和支气管发生卡他性炎症，渗出液增多。气囊壁增厚，不透明，囊内常有干酪样分泌物。严重病例可见纤维素性肝周炎、心包炎、气囊炎。

2. 传染性滑膜炎 病鸡的腱鞘和关节的滑膜囊内有黏稠、灰色至黄色的分泌物。肝、脾肿大；肾肿大、苍白色，呈斑驳状。随着病情的发展，关节和腱鞘内的分泌物呈浓缩状（干酪样渗出物），同时关节面可能被染成黄色或橙黄色。

【诊　断】根据流行特点、临床症状及病理病化可做出初步诊断。确诊须做实验室检查。

1. 全血凝集反应 这是目前国内外用于诊断该病的简易方法，在20～25℃室温下进行，先滴2滴染色抗原于白瓷板或玻板上，再用针刺破翅下静脉，吸1滴新鲜血液滴入抗原中，轻轻搅拌，充分混合，将玻板轻轻左右摇动，在1～2分钟后判断结果。在液滴中出现蓝紫色凝块者可判为阳性；仅在液滴边缘部分出现蓝紫色带，或超过2分钟仅在边缘部分出现颗粒状物时可判定为疑似；经过2分钟，液滴无变化者为阴性。

2. 血清凝集反应 本法用于测定血清中的抗体凝集效价。首先用磷酸盐缓冲盐水将血清进行二倍系列稀释，然后取1滴抗

原与1滴稀释血清混合，在1～2分钟内判定结果。能使抗原凝集的血清最高稀释倍数为血清的凝集效价。

平板凝集反应的优点是快速、经济、敏感性高，感染禽可早在感染后7～10天就表现阳性反应。其缺点是特异性低，容易出现假阳性反应，为了减少假阳性反应的出现，实验时一定要用无污染、未冻结过的新鲜血清。

另外，也可以采用血凝抑制试验、琼脂扩散试验、酶联免疫吸附试验等。

【防治措施】 加强饲养管理，环境因素的好坏，决定着该病的发生以及疾病的严重程度。做好种蛋的消毒，减少经蛋传播的可能。建立无支原体病鸡群，采用全血玻片凝集法对鸡群检疫，间隔1～2周，连续检疫2次，淘汰阳性鸡。目前尚无令人十分满意的疫苗。油乳剂灭活苗，7～15日龄雏鸡颈部皮下注射0.2毫升，成年鸡皮下注射0.5毫升，平均预防效果在80%，注射后15天开始产生免疫力。

治疗：可选用泰乐菌素、红霉素、恩诺沙星及强力霉素。①拌料混饲，在第1周和第3周使用，全周用药。泰乐菌素，0.1%。红霉素，0.013%～0.025%。北里霉素，0.033%～0.05%。金霉素、四环素、土霉素，250克/吨。强力霉素，0.01%～0.02%。②饮水。上述药物均可用于饮水，但是用量减半。恩诺沙星，饮水，前3天75毫克/升，后3天50毫克/升。

二、禽曲霉菌病

禽曲霉菌病是由曲霉菌引起多种禽类（鸡、火鸡、鸭、鹅）的一种疾病。主要经呼吸道发生感染，病变特征是在组织器官，尤其是肺和气囊发生广泛的炎症和小结节，故又称曲霉菌性肺炎。该病主要发生于幼禽，呈急性暴发，发病率和死亡率都较高，对集约化养禽业危害较大，成年禽呈慢性经过。

【病　原】 该病的主要病原体是半知菌纲、曲霉菌属中的烟曲霉，其次是黄曲霉，黑曲霉和土曲霉等也有致病性。该菌为需氧菌，在自然界广泛存在。曲霉菌平时存在于各种垫草、饲料和土壤中，一旦遇到适当的时机，就可能引起该病的暴发。致病性曲霉菌对自然条件变化的适应能力很强，一般自然条件的冷热干湿均不能破坏孢子的生活能力。120℃干热 60 分钟才能使其培养物失去发芽的能力，煮沸 5 分钟才能杀死，一般消毒剂须经 1～3 小时才可灭活。

【流行病学】 以雏鸡易感性最高，常呈群发性急性暴发经过，而成年鸡多为散发。阴暗、潮湿和发霉的育雏设施常使雏鸡吸入大量孢子而发病。梅雨季节用发霉的饲料和饲槽饲喂雏鸡也可引起感染。本病主要经消化道和呼吸道传播。

【临床症状】 急性型病鸡初期常无特征症状，仅是精神不振，食欲减少，继之出现口渴，频频饮水，羽毛粗乱，两翼下垂，喜立于墙角或蹲于僻静处，闭目无神。病程稍长者，表现呼吸困难，伸颈张口呼吸，时常发出啰音及哨音，有时摇头连续打喷嚏，接着出现腹式呼吸，两翼扇动，尾巴上下摆动，颈向上前方一伸一缩，冠和肉髯因缺氧而发绀，最后窒息而死。另外，雏鸡眼睛常被感染，初期结膜充血肿胀，继之眼睑肿胀，常在一侧眼的瞬膜下出现黄色干酪样小球，使眼睑鼓起，或在角膜中央出现溃疡。慢性型病鸡，可见精神沉郁，食欲减退，生长缓慢，进行性消瘦，呼吸困难，皮肤、黏膜发绀，常有腹泻。

【病理变化】 病轻者，仅个别鸡呼吸器官见有少数黄白色结节。多数重病鸡呈现全身性病变，主要表现在呼吸系统，气囊浑浊，气囊壁增厚，气囊和肺脏表面可见有散在或密集的针尖大至豌豆大灰白色或淡黄色结节，其质地较硬，易于从周围组织剥离，切面可见有层状结构，中心为干酪样坏死组织；鼻腔有淡黄色、灰白色脓性鼻汁或干酪样物充塞，气管或支气管中有淡黄色至黄色浓稠的炎性渗出物或干酪样物充塞其中一段，有的硬似软

骨；眼部病变的特征为瞬膜水肿及有典型的肉芽肿；肠系膜发黑、增生。

【诊　断】 根据流行病学、临床症状及病理变化可做出初步诊断。确诊则须进一步做微生物学检查。取霉斑结节少许，置载玻片上，滴1～2滴10%氢氧化钾溶液，用细针将组织拉碎，压盖盖玻片，显微镜观察。若见曲霉菌的菌丝及孢子，即可确诊。必要时可无菌采集样品直接涂布于适宜的真菌培养基上做病原分离培养。

【防治措施】

1. 预防　不使用发霉的饲料和垫料，保持育雏舍和育雏设施的清洁干燥，防止霉变，是预防该病的主要措施。育雏室应注意通风换气和卫生消毒。

2. 治疗　发现病情应迅速查明病因并立即采取相应措施，如更换发霉饲料和垫料，同时进行用具及环境的清洁消毒。制霉菌素、硫酸铜溶液和碘化钾等对该病有较好的防治效果，可酌情使用。100只雏鸡一次用制霉菌素50万单位，每日2次，连续2～4天；用1∶3 000硫酸铜溶液或0.5%～1%碘化钾溶液饮水，连续3～5天。

三、鸡衣原体病

禽衣原体病又名鹦鹉热、鸟疫，是由鹦鹉衣原体引起的一种急性或慢性传染病。该病主要以呼吸道和消化道病变为特征，不仅会感染家禽和鸟类，也会危害人类的健康，给公共卫生带来严重危害。

【病　原】 衣原体是介于立克次体和病毒之间的一种病原微生物，以原生小体和网状体两种独特形态存在。将感染组织的压印触片经适当固定后，经姬姆萨染色，呈深紫色，圆形，单个或纵状排列。四环素、红霉素对衣原体具有强烈的抑制作用。衣原

体对杆菌肽、庆大霉素和新霉素不敏感。衣原体对能影响脂类成分或细胞壁完整的化学因子非常敏感，容易被表面活性剂如季铵类化合物和脂溶剂等灭活。

【流行病学】 该病主要通过空气传播，呼吸道可能是最常见的传播途径，其次是经口感染。吸血昆虫可传播该病。该病一年四季均可发生，以秋冬和春季发病最多。饲养管理不善、营养不良、阴雨连绵、气温突变、禽舍潮湿、通风不良等应激因素，均能增加该病的发生率和死亡率。

【临床症状】 鸡对鹦鹉衣原体引起的疾病具有很强的抵抗力。只有幼年鸡发生急性感染，出现死亡，真正发生流行的较少。大多数自然感染的鸡症状不明显，并且是一过性的。

【病理变化】 急性病鸡发生纤维素性心包炎和肝脏肿大。

【诊　断】 根据流行病学、临床症状及病理变化可做出初步诊断。确诊则须进一步做微生物学检查。用病禽的肝、脾、气囊、心包和心外膜做触片，空气干燥或火焰固定后，经姬姆萨染色后镜检，衣原体原生小体呈红色或紫红色，网状体呈蓝绿色，只有包涵体中的原生小体具有诊断意义。

【防治措施】 加强管理，建立并严格执行防疫制度。鸡舍和设备在使用之前进行彻底清洁和消毒，严格禁止野鸟和野生动物进入鸡舍。发现病鸡立即淘汰，并销毁被污染的饲料，禽舍喷雾消毒。清扫时应避免尘土飞扬，以防止工作人员感染。

发病鸡群用四环素、土霉素、金霉素、红霉素防控有很好的效果。

第五章 寄生虫病

一、鸡球虫病

球虫病是由艾美耳科、艾美耳属的球虫寄生于鸡的肠道引起。临床上主要症状为贫血、血痢、消瘦、生长受阻等，是对养鸡业危害最严重的疾病之一，常呈暴发性流行，多危害 15～50 日龄的雏鸡，发病率高达 50%～70%，死亡率为 20%～30%，严重者高达 80%。病愈的雏鸡生长发育受阻，饲料报酬下降，抵抗力降低，易患其他疾病。

【病　原】 鸡致病性球虫主要有 7 种，分别是柔嫩艾美耳球虫、毒害艾美耳球虫、堆型艾美耳球虫、布氏艾美耳球虫、巨型艾美耳球虫、缓艾美耳球虫和早熟艾美耳球虫。柔嫩艾美耳球虫寄生于盲肠及其附近区域，致病力最强，常在感染后的第 5 天及第 6 天引起盲肠严重出血和高度肿胀，后期出现干酪性肠芯，因此又称为盲肠球虫。毒害艾美耳球虫主要寄生于小肠中 1/3 段，尤以卵黄蒂前后最为常见，严重时可扩展到整个小肠，是小肠球虫中致病性最强的，其致病性仅次于柔嫩艾美耳球虫。

【流行病学】 各种年龄和品种的鸡均易感，主要发生于 3～6 周龄的雏鸡，2 周龄以内的雏鸡很少发病。柔嫩艾美耳球虫常感染 3～6 周龄的雏鸡，而毒害艾美耳球虫常危害 8～18 周龄的鸡。患病耐过的鸡排卵囊可达数月之久，是主要传染源。鸡通过摄入有活力的孢子化卵囊而遭到感染，被粪便污染的饲料、饮水、土壤或器具等都有卵囊的存在；其他动物、尘埃和管理人员都可成为球虫的机械传播者。该病多于温暖多雨的季节流行。饲养管理条件不良能促进该病的发生，当鸡舍潮湿、拥挤、卫生条件恶劣时，最易发生，而且往往可迅速波及全群。

【临床症状与病理变化】

1. 急性型球虫病

（1）急性盲肠球虫病 由柔嫩艾美耳球虫感染引起，对3～6周龄的雏鸡致病性最强。病初病鸡精神沉郁，羽毛松乱，不愿运动，食欲下降。随着盲肠损伤的加重，出现下痢，排出血便甚至鲜血，战栗，拥挤成堆，体温下降，食欲废绝，最终由于肠道炎症、肠细胞崩解等原因造成有毒物质被机体吸收，导致自体中毒死亡。剖检病变主要在盲肠，盲肠高度肿大，充满凝固的暗红色血块，盲肠黏膜上皮变厚，常坏死、脱落。

（2）急性小肠球虫病 由毒害艾美耳球虫感染引起。通常发生于2月龄以上的中雏鸡，精神不振，翅膀下垂，弓腰，下痢和脱水。病变主要在小肠中端，肠管高度肿胀，肠浆膜充血，并密布出血点，肠壁变厚，黏膜显著充血、出血及坏死；肠内容物中含有多量的血液、血凝块和坏死脱落的上皮组织。

2. 慢性球虫病 主要由致病力中等的巨型艾美耳球虫和堆型艾美耳球虫引起。多见于4～6月龄鸡。病鸡消瘦，足、翅膀发生轻瘫，有间歇性下痢，很少死亡。巨型艾美耳球虫主要损害小肠中段肠管，肠管扩张，肠壁增厚，肠内容物呈淡褐色或淡红色，有黏性，有时混有细小血块。堆型艾美耳球虫主要侵害十二指肠和小肠前段，在病变部位可见大量淡灰白色斑点，横向排列呈梯状。

【诊　断】 根据临床症状、流行病学调查和病理变化，结合粪便中的卵囊检查，可确诊。

【防治措施】

1. 预防 目前所有集约化养鸡场都必须对球虫病进行预防。

加强饲养管理，搞好清洁卫生。鸡舍保持适当温度和光照，通风良好，饲养密度适当；鸡舍和运动场的鸡粪及时清理并做堆积发酵处理，杀灭卵囊；饲槽、饮水器、鸡笼等用具都要经常清洗消毒；改地面平养为网养或笼养等。

预防用的抗球虫药物有：尼卡巴嗪、氨丙啉、地克珠利、莫能菌素、盐霉素、马杜拉霉素、拉沙里菌素、常山酮等。各种抗球虫药连续使用一定时间后，都会产生不同程度的耐药性。为了提高抗球虫药的预防效果，减缓耐药性的产生，常采用下列 3 种用药方案：

穿梭用药：即在开始时使用一种药物，至生长期时使用不同类型的另一种药物。

轮换用药：合理地变换使用抗球虫药，在不同的季节使用不同的抗球虫药，或不同批次的鸡应用不同的抗球虫药。

联合用药：将 2 种作用机理或抗虫谱不同的药物合用，以提高抗球虫效果，减少耐药性的产生。

国内外均有多种疫苗可以应用，主要分为 2 类：活毒虫苗和早熟弱毒虫苗。目前已在生产中得到较好的预防效果。

2. 治疗　抗球虫药物在球虫生活史的早期作用明显，因此早期给药可以降低鸡的死亡率。常用的治疗药物有：磺胺二甲基嘧啶、磺胺喹噁啉、磺胺氯吡嗪钠、妥曲珠利、地克珠利等。按一定比例混入饲料或饮水给药。

二、组织滴虫病

鸡组织滴虫病是由火鸡组织滴虫寄生于鸡盲肠和肝脏引起的疾病，又称“盲肠肝炎”或“黑头病”。主要特征为鸡冠呈暗黑色，肝脏呈榆钱样坏死，盲肠发炎呈一侧或双侧肿大。

【病　原】组织滴虫为多形性虫体，大小不一，近圆形或变形虫形，依寄生部位和发育阶段的不同，其形态变化很大。盲肠腔中虫体的直径为5～16微米，常见一根鞭毛，虫体内有一小盾和一个短的轴柱。在肠和肝脏组织中的虫体无鞭毛，初侵入者8～17微米，生长后可达12～21微米。组织滴虫以二分裂方式繁殖。当病禽有异刺线虫寄生时，可侵入异刺线虫并转入其卵内，最后随异刺线虫卵排出体外，在卵内的组织滴虫由于得到异刺线虫卵的保护，对外界的不良因素具有较强的抵抗力，从而成为重要的感染源。当异刺线虫卵被鸡吞食时，孵出幼虫，组织滴虫亦随幼虫而出，侵袭鸡体。蚯蚓是该虫的转运宿主，蚯蚓吞食土壤中的异刺线虫卵或幼虫后，组织滴虫随同虫卵或幼虫进入蚯蚓体内，鸡采食蚯蚓后，即感染该病。

【流行病学】 该病多发生于夏季，4～6周龄的鸡最为易感，死亡率较高，成年鸡多为带虫者。

【临床症状】 病鸡呆立，翅下垂，步态蹒跚，眼半闭，头下垂，畏寒，下痢，排带有多泡沫的淡黄色或淡绿色恶臭粪便。严重病例，排出的粪便带血或完全是血液。疾病末期，有些病鸡因血液循环障碍，鸡冠呈暗黑色，因而有“黑头病”之称。病程1～3周，病愈鸡的体内仍有组织滴虫，带虫可长达数周或数月。

【病理变化】 病变主要在盲肠和肝脏，剖检时见一侧或两侧盲肠肿胀、膨大，肠壁增厚，浆膜面暗红色，肠腔内充满干酪样渗出物或坏疽块，堵塞整个肠腔，形成干酪样的盲肠肠芯，横切呈同心圆状。有的盲肠壁穿孔，引起腹膜炎，而与邻近脏器粘连。肝脏肿大并出现特征性坏死灶，坏死灶呈淡黄色或黄绿色，圆形或不规则形状，中央稍凹陷，边缘稍隆起，直径可达1厘米，单独存在或融合成片状。

【诊　断】 根据流行病学、临床症状及特征性病变做出初步诊断，尤其是肝脏和盲肠的病变具有特征性，可作为诊断的依据。也可刮取盲肠黏膜或肝脏组织检查，发现虫体即可确诊。

【防治措施】 硝基咪唑类（甲硝唑、二甲硝咪唑）药物是治疗组织滴虫病的特效药，不易产生耐药性，但现在北美和欧洲已禁用，我国也禁止将这类药物作为添加剂长期使用。由于该病的传播依靠鸡异刺线虫，因此，采用苯并咪唑（阿苯达唑、芬苯达唑）类药物定期驱除异刺线虫是防治该病的重要措施。球虫病可加重组织滴虫病的严重程度，因此控制球虫病也有助于减少组织滴虫病的发生。

病鸡治疗可用甲硝唑（灭滴灵）按 250 毫克 / 千克比例混于饲料中，每日 3 次，连用 5 天。

三、鸡住白细胞原虫病

鸡住白细胞原虫病是由住白细胞虫属的原虫寄生于鸡的白细胞（主要是单核细胞）和红细胞内引起的一种原虫病。病鸡主要表现发热，食欲不振，精神沉郁，流口涎以及贫血等症状，因红细胞被破坏及广泛性出血，鸡冠呈苍白色，故又名“白冠病”。在我国南方地区呈地方性流行，近年来山东、河北等北方地区也广泛流行。对产蛋鸡和育成鸡危害严重，影响生长发育及产蛋性能，严重时可引起大批死亡。

【病　原】 已知的病原主要有 2 种，即卡氏住白细胞虫和沙氏住白细胞虫。卡氏住白细胞虫成熟配子体近于圆形，大小为 15.5～15.0 微米。大配子的直径为 12～14 微米，核直径为 3～4 微米；小配子的直径为 10～12 微米，核直径也为 10～12 微米，细胞核形成一深色狭带，围绕虫体 1/3。沙氏住白细胞虫成熟配子体为长椭圆形，大小为 24 微米 × 4 微米，大配子体大小为 22 微米 × 6.5 微米，小配子体为 20 微米 × 6 微米，宿主细胞变为纺锤形，大小约为 67 微米 × 6 微米，细胞核被虫体挤压至一侧。

【流行病学】 该病的发病季节与蠓、蚋等吸血昆虫中间宿主活动的季节相一致。华东地区 6～10 月为发病季节，7～9 月为发病高峰期。各种年龄的鸡均可感染发病，幼雏和青年鸡易感性最高，病情最为严重。

【临床症状】 自然感染的潜隐期为6～10天。感染12～14天后，突然因内出血、呼吸困难而死亡，有的呈现鸡冠苍白，食欲不振，羽毛松乱，伏地不动，1～2天后因出血而死亡。轻症病鸡，发热，卧地不动，食欲下降，下痢，精神不振，1～2天内死亡或康复。特征性症状是死前口流鲜血，贫血，鸡冠和肉髯苍白，常因呼吸困难而死亡。中鸡和大鸡感染后一般死亡率不高。病鸡消瘦、排水样的白色或绿色稀粪。中鸡发育受阻，成鸡产蛋率下降，甚至停止。

【病理变化】 全身消瘦，血液稀薄，鸡冠、肉髯苍白，全身性出血，尤其是胸肌、腿肌、心肌有大小不等的出血点，各内脏器官肿大出血，尤其是肾、肺出血最严重；胸肌、腿肌、心肌及肝脾等器官上有灰白色或稍带黄色的、针尖至粟粒大与周围组织有明显分界的含大量裂殖子的小结节。

【诊　断】 根据临床症状、剖检病变及发病特点可做出初步诊断。确诊须做病鸡的血液涂片或脏器（肝、脾、肺、肾等）涂片经姬姆萨染色镜检发现虫体即可。

【防治措施】

本病尚无有效的治疗药物，防治的重点在于预防。磺胺间甲氧嘧啶（泰灭净）为目前治疗鸡住白细胞虫病的特效药。另外还可以选用磺胺二甲氧嘧啶、磺胺喹噁啉、乙胺嘧啶、克球粉等。

预防应用药物杀灭鸡舍周围环境中的库蠓，防止其进入鸡舍；冬季时对当年患病鸡群予以彻底淘汰，以免来年再次发病，扩散病原；在流行季节到来之前进行药物预防；可用感染卡氏住白细胞虫后7～13天的鸡脾脏匀浆后接种鸡进行免疫预防。

四、线 虫 病

鸡线虫病是由线形动物门、线虫纲中的线虫所引起的寄生虫病。线虫主要寄生于鸡的小肠，放养鸡群常普遍感染。主要导致雏鸡发病，造成饲料报酬的下降。成鸡是线虫病的携带者和传播者，一般不发病，但增重和产蛋能力下降。患鸡表现精神萎靡，低头下垂，食欲不振，常做吞咽动作，消瘦，下痢，贫血等症状。

【病　原】线虫外形一般呈线状、圆柱状或近似线状，两端较细，其中头端偏钝，尾部偏尖。雌雄异体，一般雄虫小，雌虫大，雄虫的尾部常弯曲，雌虫的尾部比较直。大小差异很大，从1毫米至1米以上。内部器官位于假体腔内。寄生在鸡体内的线虫主要有鸡蛔虫、比翼线虫、胃线虫、异刺线虫、毛细线虫等。

【流行病学】

1. 鸡蛔虫　雌虫在鸡的小肠内产卵，随鸡粪排到体外，约经10天发育为含感染性幼虫的虫卵，鸡因吞食或饮入了被感染性虫卵污染的饲料或饮水而感染。幼虫在鸡胃内脱掉卵壳进入小肠，钻入肠黏膜内，经血液循环和一段时间后返回肠腔发育为成虫，此过程需35～50天。3～4月龄以内的雏鸡最易感染和发病。

2. 比翼线虫病　雌虫在气管内产卵，卵随气管黏液到达口腔，或被咳出，或被咽入消化道，随粪便排到外界。虫卵约经3天发育为感染性虫卵，再被蚯蚓、蜗牛、蝇类及其他节肢动物等吞食，鸡因吞食了这些动物被感染，幼虫钻入肠壁，经血流移行到肺泡、细支气管、支气管和气管，于感染后18～20天发育为成虫并产卵。

3. 胃线虫病　雌虫在寄生部位产卵，卵随粪便排到外界，被中间宿主吞入后，经20～40天发育成感染性幼虫，鸡因食入中间宿主而感染。在鸡胃内，中间宿主被消化而释放出幼虫，并移行到寄生部位，经27～35天发育为成虫。

4. 异刺线虫病　成熟雌虫在盲肠内产卵，卵随粪便排于外界，在适宜条件下，约经2周发育成含幼虫的感染性虫卵，鸡吞食或饮入了被感染性虫卵污染的饲料和饮水而感染，在盲肠内而发育为成虫，共需24～30天。

5. 毛细线虫病 雌虫在寄生部位产卵，虫卵随禽粪便排到外界，或在中间寄主体内发育成具有感染性阶段，被鸡吞入后，幼虫逸出，进入寄生部位黏膜内。

【临床症状】

1. 鸡蛔虫 感染雏鸡表现生长缓慢，羽毛松乱，行动迟缓，无精打采，食欲不振，消瘦，下痢，贫血，黏膜和鸡冠苍白，最终可因衰弱而死亡。大量感染者可造成肠堵塞而死亡。

2. 比翼线虫病 病鸡不断伸颈、张嘴呼吸，并能听到呼气声，头部左右摇甩，以排出口腔内的黏性分泌物，有时可见虫体。病初食欲减退，精神不振，消瘦，口内充满泡沫性唾液。最后因呼吸困难，窒息死亡。本病主要危害幼鸡，死亡率几乎达100%。

3. 胃线虫病 虫体寄生量小时症状不明显，但大量虫体寄生时，病鸡表现翅膀下垂，羽毛蓬乱，消化不良，食欲不振，无精打采，消瘦，下痢，贫血；雏鸡生长发育缓慢，严重者可因胃溃疡或胃穿孔而死亡。

4. 异刺线虫病 病鸡消化功能减退而食欲不振，下痢，贫血，雏鸡发育受阻，消瘦，逐渐衰竭而死亡。

5. 毛细线虫病 病鸡精神萎靡，头下垂，食欲不振，常做吞咽动作，消瘦，下痢，贫血，严重者死亡。

【病理变化】

1. 鸡蛔虫 用饱和盐水浮集法检查粪便，发现大量虫卵；尸体剖检在小肠内发现有大量虫体，可确诊。

2. 比翼线虫病 可见肺淤血、水肿和肺炎等病变；气管黏膜上有虫体附着及出血性卡他性炎症，气管黏膜潮红，表面有带血黏液覆盖。

3. 胃线虫病 胃壁发炎、增厚，有溃疡灶。

4. 异刺线虫病 心脏为暗红色，其内充满血凝块。肺脏淤血。

肝脏呈土黄色，胆囊周围为黄绿色。小肠肠壁增厚，盲肠肿大，盲肠壁有数个大小不等的溃疡痕迹，盲肠末端黏膜密布出血点。

5. 毛细线虫病　虫体寄生部位黏膜发炎、增厚，黏膜表面覆盖有絮状渗出物或黏液脓性分泌物，黏膜溶解、脱落甚至坏死。

【诊　断】根据临床症状，剖检发现虫体和相应的病变，粪便检查发现大量虫卵，可确诊。

【防治措施】

搞好环境卫生，及时清除粪便并堆集发酵；尽可能地消灭，处理土壤和垫料以杀死中间宿主是行之有效的措施。另外应将幼禽和成年禽分开饲养，因成年禽常常是线虫的带虫者。在线虫病流行的养禽场，应实施预防性的驱虫。

治疗或预防性驱虫可选用药物：左咪唑、阿苯达唑、噻苯唑、潮霉素 B、甲苯唑等。

五、绦 虫 病

鸡绦虫病是由赖利属的多种绦虫寄生于鸡的十二指肠中引起，常见的有棘沟赖利绦虫、四角赖利绦虫和有轮赖利绦虫等 3 种。病鸡表现为下痢，粪便中有时混有血样黏液，鸡产蛋量下降或停止，食欲不振，精神沉郁，贫血，鸡冠和黏膜苍白等症。

【病　原】棘沟赖利绦虫和四角赖利绦虫是大型绦虫，两者外形和大小相似，长 25 厘米，宽 1～4 毫米。棘沟赖利绦虫，头节上的吸盘呈圆形，上有 8～10 列小钩，顶突较大，上有钩 2 列，中间宿主是蚂蚁。四角赖利绦虫，头节上的吸盘呈卵圆形，上有 8～10 列小钩，颈节比较细长，顶突比较小，上有 1～3 列钩，中间宿主是蚂蚁或家蝇。有轮赖利绦虫，较短小，头节上的吸盘呈圆形，无钩，顶突宽大肥厚，形似轮状，突出于虫体前端，中间宿主是甲虫。棘沟赖利绦虫和四角赖利绦虫的虫卵包在卵囊中，每个卵囊内含 6～12 个虫卵。有轮赖利绦虫的虫孵也

包在卵囊中，每个卵囊内含1个虫卵。

【流行病学】 各种年龄的鸡均能感染，其他如火鸡、雉鸡、珠鸡、孔雀等也可感染，17～40日龄的雏鸡易感性最强，死亡率也最高。

【临床症状】 绦虫寄生在鸡的小肠，用头节破坏肠壁的完整性，引起黏膜出血，肠道炎症，严重影响消化功能。病鸡表现为下痢，粪便中有时混有血样黏液。轻度感染造成雏鸡发育受阻，成鸡产蛋量下降或停止。寄生绦虫量多时，可使肠管堵塞，造成肠管破裂，引起腹膜炎。绦虫代谢产物可引起鸡体中毒，出现神经症状。病鸡食欲不振，精神沉郁，贫血，鸡冠和黏膜苍白，极度衰弱，双足常发生瘫痪，不能站立，最后因衰竭而死亡。

【病理变化】 剖检可以从小肠内发现虫体，严重者，虫体阻塞肠道，小肠黏膜呈点状出血及增厚，肠道有炎症，肠道有灰黄色的结节，中央凹陷，其内可找到虫体或黄褐色干酪样栓塞物。脾脏肿大。肝脏肿大呈土黄色，往往出现脂肪变性，易碎。部分病例腹腔充满腹水。因长期处于自体中毒而出现营养衰竭和免疫抑制现象，成鸡往往还表现卵泡变性坏死等类似于新城疫的病理现象。

【诊　断】 对病死禽常用剖检法，剪开肠道，在充足的光线下，可发现白色带状的虫体或散在的节片可确诊。通过对活禽的粪检发现白色小米粒样的孕卵节片可确诊。某些绦虫（如膜壳绦虫）的虫卵可散在于粪便的涂片中。

【防治措施】 预防和控制鸡绦虫病的关键是消灭中间宿主。经常清扫鸡舍，及时清除鸡粪，做好防蝇灭虫工作。幼鸡与成鸡分开饲养。采用全进全出制。制止和控制中间宿主的滋生，可在流行季节里饲料中长期添加环丙氨嗪。定期进行药物驱虫，建议在60日龄和120日龄各预防性驱虫1次。

发生绦虫病时，必须立即对全群进行驱虫。常用的驱虫药有硫双二氯酚、氯硝柳胺、吡喹酮、丙硫苯咪唑、氟苯哒唑等。

六、前殖吸虫病

前殖吸虫病又称蛋蛭病，是由于前殖吸虫寄生于鸡的直肠、输卵管、法氏囊、泄殖腔而引起的一种寄生虫病，以输卵管炎、产蛋功能紊乱为特征。

【病　原】 前殖吸虫种类很多，能感染鸡的有卵圆前殖吸虫、楔形前殖吸虫、透明前殖吸虫、鸭前殖吸虫等。虫体小，有吸盘和小棘。

【流行病学】 该病多呈地方性流行，其流行季节与蜻蜓的出现季节相一致，多发生在春季和夏季。家禽感染多因到水池岸边放牧时，捕食蜻蜓而引起；同时，含虫卵的粪便落入水中，造成病原散播。

【临床症状及病理变化】 感染初期，患禽外观正常，但蛋壳粗糙或产薄壳蛋、软壳蛋、无壳蛋，或仅排蛋黄或少量蛋清，继而食欲下降，消瘦，精神萎靡，蹲卧墙角，滞留空巢，或排乳白色石灰水样液体，有的腹部膨大，步态不稳，两腿叉开，肛门潮红、突出，泄殖腔周围沾满污物，输卵管发炎，黏膜充血、出血，极度增厚，后期输卵管壁变薄甚至破裂，导致泛发性腹膜炎而死亡。

【诊　断】 根据临床症状和剖检病变可做出初步诊断。确诊应镜检粪便中是否有虫卵，虫卵较小，椭圆形，棕黑色，前端有卵盘，后端有一小突起，内含卵细胞。

【防治措施】 预防本病首先应消灭中间宿主淡水螺。对主要滋生地如沼泽和低洼地区用硫酸铜、氯硝柳胺等进行灭螺。再者应在蜻蜓出现的季节防止鸡群啄食蜻蜓及其幼虫。禁止鸡在清晨、傍晚以及雨后到池塘边采食。

治疗可用四氯化碳、吡喹酮、丙硫苯咪唑等药物。

七、体外寄生虫

（一）鸡 羽 虱

鸡虱病是由各种鸡羽虱寄生于鸡的体表引起的羽毛脱落，生产性能下降的体外寄生虫病。

【病　原】 鸡羽虱属于食毛目短角羽虱科和长角羽虱科的不同属，种类较多。常见的有鸡羽虱、鸡体虱、广幅长圆虱、大姬圆虱等种类。这些种类大小和外观形态虽有差异，但大体结构均相同。羽虱是无翅的昆虫，个体较小，一般体长 1～5 毫米，呈淡黄色或淡灰色，体分头、胸、腹三部分。头部宽，并宽于胸部，咀嚼型口器，触角 1 对，由 3～5 节组成。

【流行病学】 鸡羽虱是一种永久性寄生虫，全部生活史都在鸡身上进行，其发育为不完全变态，所产虫卵常簇结成块，黏附于羽毛上，经 5～8 天孵化为幼虫，外形与成虫相似，在 2～3 周内经 3～5 次蜕皮变为成虫。禽虱一般不吸血，以家禽的羽毛或皮屑为食，有时也吞食皮肤损伤部位的血液。本病在秋冬季节多发，密集饲养时易发。

【临床症状】 鸡虱的主要致病作用是引起瘙痒，影响鸡的采食与休息等。寄生量多时，病鸡奇痒不安，常啄断自体羽毛与皮肉，皮肤上有损伤时，皮下可见出血，食欲下降，渐进性消瘦，蛋鸡则影响产蛋。严重时可发生大批死亡。

【防治措施】 本病防治主要是用药物杀灭禽体上的虱，同时对禽舍、笼具及饲槽、饮水槽等用具和环境进行彻底杀虫和消毒。杀灭禽体上的虱，可根据季节、药物制剂及鸡群受侵袭程度等采用不同的用药方法。

1. 喷雾法 20% 杀灭菊酯（二氯苯醚菊酯、氰戊菊酯、戊酸氰醚酯）乳油，按每立方米空间 0.02 毫升，用带有起雾发生装置的喷雾机喷雾。喷雾后鸡舍密闭 2～3 小时。

2. 喷洒或药浴法　20% 杀灭菊酯乳油按 3 000～4 000 倍用水稀释，直接向鸡体上喷洒或药浴，有良好疗效。

3. 沙浴法　沙中加入 10% 硫黄粉或 0.05% 蝇毒磷，充分混匀后，铺 10～20 厘米厚，让鸡自行沙浴。

4. 混饲式注射法：阿维菌素，按有效成分计，每千克体重 0.3毫克，混饲，或每千克体重0.2毫克，皮下注射，有较好疗效。

（二）鸡　螨

鸡螨是由多种对鸡具有侵袭、寄生性质的螨类引发的鸡体内外寄生螨病的总称。临床上以鸡群发生贫血、骚动不安、食欲不振、消瘦等症状为特征。

【病　原】引起鸡螨病的螨类主要有鸡皮刺螨、鸡膝螨、林禽刺螨、鸡新棒螨、突变膝螨、寡毛鸡螨、住囊鸡雏螨、各类羽螨等，分别隶属于十余个螨科。

【临床症状】螨虫寄生有全身性，寄生在鸡的腿、腹、胸、翅膀内侧、头、颈、背等处，吸食鸡体血液和组织液，并分泌毒素，引发鸡皮肤红肿、损伤继发炎症，反复侵袭、骚扰引起鸡不安，影响采食和休息。少量虫体侵袭时无明显症状；虫体数量较多时病鸡不安，日渐消瘦，贫血，生长缓慢，严重影响上市品质。成年母鸡受侵袭时表现产蛋量减少，雏鸡受到严重侵袭时有成批死亡现象。

【防治措施】主要是用药物杀灭禽体和环境中的虫体，用药方法同鸡虱病。同时饲养员也应注意预防被侵袭，彻底更换衣物和被褥等，并用杀虫药液浸泡 1～3 小时后洗净；房舍地面和墙壁、床板等用杀虫药液喷洒灭虫。

第六章 营养代谢病

一、痛 风

鸡痛风是由于鸡体内尿酸代谢障碍，血液中尿酸浓度升高，大量的尿酸经肾脏排泄等各种原因引起的肾损害及肾功能减退，进一步引起尿酸排泄受阻，形成尿酸中毒的一种代谢性疾病，多发生于肉仔鸡和笼养鸡。

【病 因】

1. 饲管不当

（1）维生素A缺乏 维生素A具有保护黏膜的作用，缺乏时可使肾小管、集合管和输尿管发生角化与鳞状上皮化生。由于上皮的角化与化生，黏液分泌减少，尿酸盐排出受阻形成栓塞物－尿酸盐结石，阻塞管腔，进而发生痛风。

（2）蛋白质饲料过多 豆饼、动物内脏、鱼粉及肉骨粉等含蛋白质较高。由于禽类肝脏不含精氨酸酶，从而不能将氨合成尿素，肾脏因无谷氨酰胺合成酶也不能携带氨，因而蛋白质代谢产物是通过嘌呤核苷酸合成与分解途径，以生成尿酸的形式排出体外。肾脏是禽体内尿酸代谢最重要、最关键的器官，也是禽类尿酸唯一的排泄通道。家禽肾功能正常时，尿酸能通过肾脏很快地被排出，使血液中维持一定的尿酸水平，不会引起疾病。但当肾脏功能发生障碍或尿酸产物过多时，血液中尿酸浓度升高，与血液中的钠、钙离子结合形成尿酸盐在体内广泛沉积，加上输尿管的阻滞，导致痛风。

（3）饲喂高钙饲料 在饲料成品中过多地添加石粉和贝壳粉，造成高钙低磷以致钙磷比例严重失调。另外，使用产蛋鸡料饲喂雏鸡，或使用肉鸡料饲喂蛋鸡等，继发高血钙，高血钙导致甲状旁腺素分泌增多，使肾小管上皮细胞内钙离子浓度增高，在一定条件下，钙盐在肾脏沉积并逐渐钙化，当钙化的肾小管上皮细胞脱落到肾小管腔内，则成为肾脏结石形成的基础，细胞不断脱落，逐渐聚合，形成肾结石；同时，由于肾单位不断遭到破坏，致使有功能活动的肾单位逐渐减少，不足以代偿全部肾脏功能，从而发生肾脏代偿性肿大和慢性肾功能不全。大量的钙盐会从血液中析出，沉积在内脏或关节中，形成钙盐性痛风。

（4）饲喂劣质饲料 饲喂劣质的鱼粉。其蛋白含量低、盐含量高，往往掺有尿素；有的甚至发霉，是造成肾损伤的不可忽视的因素。

饲喂劣质的骨粉。各地加工骨粉的厂家很多，骨骼的来源不足，质量就难以保障，有的骨粉未经脱脂、脱胶、烘干即粉碎而成。其中含有的脂肪、胶质以及水分极易使骨粉酸败、霉变。有的甚至在骨粉中掺有大量的贝壳粉，造成高钙低磷，喂鸡后引起痛风。

2. 饮水不足 饮水不足是鸡痛风的一个诱因。在炎热的夏季或长途运输时，若饮水不足，会造成机体脱水，促使尿浓缩，机体的代谢产物不能及时排出体外，从而造成尿酸盐沉积在输尿管内，肾输尿管被尿酸盐结晶阻塞，诱发痛风。

3. 药物损害 许多药物对肾脏有损害作用，如磺胺类和氨基糖苷类抗生素等在体内通过肾脏进行排泄，对肾脏有潜在性的中毒作用。若药物应用时间过长、量过大，就会造成肾脏损伤。尤其是磺胺类药物，在碱性条件下溶解度大，而在酸性条件下易结晶析出。如果长期大剂量应用磺胺类药物而又不配合碳酸氢钠等碱性药物使用，会使磺胺类药物结晶析出，沉积在肾脏及输尿管中，影响肾脏及输尿管的功能，造成排泄障碍，使尿酸盐沉积在体内，形成痛风。

4. 疾病因素　与鸡痛风有关的疾病主要有肾型传染性支气管炎、传染性法氏囊病、沙门氏菌病等。待后备母鸡性成熟时，为了产蛋需要，饲喂以含钙量较高的日粮，如果肾脏在育雏期或育成期曾受到损害，则这种损伤的肾脏不能正常排出高水平的钙，从而导致痛风。

【临床症状】病鸡精神不振，食欲减退，消瘦，贫血，鸡冠苍白，羽毛蓬乱。粪便稀薄，内含大量白色尿酸盐，呈淀粉糊样。泄殖腔松弛，粪便经常不能自主地排出，污染泄殖腔下部的羽毛。关节肿痛，先软后硬，形成结节。肿胀多发生于肢关节，运动迟缓，活动困难，后期双腿无力不愿走动。个别鸡只呼吸困难，出现痉挛等神经症状，最后衰竭死亡。

【病理变化】肾脏肿大，颜色变浅；输尿管明显变粗，且粗细不均，坚硬管腔内充满石灰样沉积物。心、肝、脾、肠系膜、肌肉及腹膜都覆盖一层薄膜状的白色尿酸盐。爪趾和腿部关节肿胀，关节软骨、关节周围组织、滑膜、腱鞘、韧带及骨髓等部位均可见白色尿酸盐沉着。

【防治措施】降低饲料中蛋白质的含量，尤其是减少动物蛋白原料的添加量，饲喂营养全面、平衡，富含维生素、矿物质和微量元素的优质、新鲜饲料，尤其是维生素 C 和维生素 A 的含量要充足。鸡在各生长阶段都要有科学的营养标准，不能随心所欲增加或减少饲料成分和含量尤其是动物蛋白的含量。否则会因营养缺乏使体重不达标或因蛋白质过剩而出现痛风病。同时还要注意饲料的储存，时间不能太长，要在有效保质期内用完。储存条件要符合要求，不能受潮，不饲喂变质或发霉饲料。发病时可使用小苏打和维生素 C 排尿酸盐，另外，可添加消炎止痛药物和通淋排石的中药方剂，如三金通肾宝。

二、鸡脂肪肝综合征

鸡脂肪肝综合征常发于产蛋母鸡，尤其是笼养蛋鸡，多数情况是鸡体况良好，突然死亡。死亡鸡以腹腔及皮下大量脂肪蓄积，肝被膜下有血凝块为特征。

【病　因】鸡饲料中胆碱、肌醇、维生素 E 和维生素 B_{12} 不足，使肝脏内的脂肪积存量过高。蛋白质含量偏低或必需氨基酸不足，能量过高，母鸡为了获得足够蛋白质或必需氨基酸，大量采食，摄入过量的碳水化合物，转化为脂肪沉积于肝脏和体腔。钙含量过低，母鸡需要大量的钙来制造蛋壳而摄入过多的饲料，于是过多的饲料被吸收后转化成脂肪沉积于肝脏和体腔。饮用硬水和机体缺硒。鸡群缺乏运动也是一个诱发因素。天气炎热和喂菜籽饼容易诱发本病。

【临床症状】该病主要发生于重型鸡及肥胖鸡。病鸡生前肥胖，超过正常体重的 25%，产蛋率波动较大，在下腹部可以摸到厚实的脂肪组织。往往突然暴发，病鸡喜卧，鸡冠肉髯褪色乃至苍白。严重的嗜睡、瘫痪，可在数小时内死亡。一般从发病到死亡 1～24 天，当拥挤、驱赶、捕捉或抓提方法错误，引起强烈挣扎时可突然死亡。

【病理变化】病死鸡的皮下、腹腔及肠系膜均有多量的脂肪沉积。肝脏肿大，边缘钝圆，呈油灰色，质脆易碎。肝表面有出血点，在肝被膜下或腹腔内往往有大的血凝块。组织学检查为重度脂肪变性。有的心肌变性，呈黄白色，有的肾略变黄，有的脾脏、心、肠道有程度不同的小出血点。

【防治措施】目前对该病尚没有有效的治疗方法，以预防为主。防止产前母鸡积蓄过量的体脂，日粮中应保持能量与蛋白质的平衡；保证日粮中有足够水平的蛋氨酸和胆碱等嗜脂因子的营养素；禁止饲喂霉败饲料；饮水最好是自来水，避免饮硬水。

发病后可采用以下方法减缓病情：每吨饲料中添加硫酸铜63克、胆碱55克、维生素B_1 23.3毫克、维生素E 5 500国际单位、DL－蛋氨酸500克；或每只鸡喂服氯化胆碱0.1～0.2克，连喂10天。同时将日粮中的粗蛋白质水平提高1%～2%。

三、肉鸡腹水综合征

肉鸡腹水综合征又称雏鸡水肿病、肉鸡腹水症、心衰综合征和鸡高原海拔病，是以病鸡心、肝等实质器官发生病理变化、腹腔积水、右心室肥大扩张、肺淤血水肿、心肺功能衰竭、肝脏显著肿大为特征的综合征。该病是幼龄肉用仔鸡的一种常见病。

【病　因】

1. 遗传因素　主要与鸡的品种和年龄有关，由于遗传选育过程中侧重于生长方面，使肉鸡心肺的发育和体重的增长具有先天性的不平衡性，即心脏正常的功能不能完全满足机体代谢的需要，导致相对缺氧。幼龄快速生长期的肉仔鸡对能量和氧气的需要明显增加，红细胞在肺毛细血管内不能畅流，影响肺部血液灌注，导致肺动脉高压及右心室衰竭，血液回流受阻，血管通透性增强，这可能是该病发生的生理学基础。

2. 环境因素　环境缺氧和因需氧量增加而导致的相对缺氧是诱发该病的主要原因。高海拔地区，空气稀薄，氧分压低，易致慢性缺氧；肉鸡的饲养需要较高的温度，通常寒冷季节为了保温而紧闭门窗或减少通风换气次数，空气流通不畅，一氧化碳、二氧化碳、氨气等有害气体和尘埃在鸡舍内积聚，空气污浊，含氧量下降，造成相对缺氧；同时，天气寒冷和处于快速生长期，鸡体代谢率升高，需氧量也随之增加，从而加重缺氧程度。在缺氧情况下，呼吸频率加快，肺部功能损害，毛细血管增厚，从而造成血管狭窄，肺血管压力增高，加重心脏负担，使右心肥大、壁薄，血流不畅而致心力衰竭，进一步造成肝及其他脏器的血压

升高，导致血压较低的腹血管中的血液回流受阻，向腹腔渗透而形成腹水。

3. 饲料因素 高能量日粮使肉鸡的耗氧量增加。由于消耗过多能量，需氧增多而导致相对缺氧；饲喂颗粒饲料的鸡采食量大，生长快，饲料消化率高，需氧增多；高蛋白质或高油脂等饲料造成营养过剩或缺乏；饲喂的菜籽饼中芥子酸含量高；钙、磷、维生素 D 水平低；饲料中食盐含量高；其他微量元素和维生素不足以及饲料霉变、霉菌毒素中毒等也可引发腹水症。

4. 疾病及中毒性因素 当肉鸡患慢性呼吸道病和大肠杆菌病时，可继发腹水。机体中间代谢的有毒产物蓄积，空气中有毒气体含量过高，某些药物用量过多及损害肝、肾等的多种疾病，均可引起肝脏或肾脏病变，降低解毒及排泄功能，导致机体中毒，静脉淤血，血压升高，血管渗透性增大，血浆外渗而形成腹水。

【流行特点】 该病多发于冬季和早春，这与此期鸡舍内容易通风不良而造成缺氧有关。多发于 4～5 周龄，此时正值肉用仔鸡迅速生长期。该病在各类家禽中均可发生，但最多发、最常见的是肉仔鸡，特别是迅速生长的肉鸡。通常在发病鸡中公鸡占有较高的比例，这与其生长快、耗能高、需氧多有关。病程一般为 7～14 天。死亡率 10%～30%，最高达 50%。

【临床症状】 病鸡精神沉郁，羽毛蓬乱，饮水和采食量减少，生长迟爰，冠和肉髯发绀。病情严重者可见皮肤发红，呼吸加速，运动耐受力下降。该病特征性症状是病鸡腹围明显增大，腹部膨胀下垂，腹部皮肤变得发亮或发紫，行动迟缓，有的站立不稳，以腹着地如企鹅状。

【病理变化】 腹腔积有淡黄或淡红黄色半透明腹水，内有半透明胶冻样凝块。肝脏淤血肿大，呈暗紫色，表面覆盖一层灰白色或黄色的纤维素膜，质地较硬。心包膜浑浊增厚，心包液显著增多，心脏体积增大，右心室明显肥大扩张，心肌松弛。肾脏肿大淤血。肠道黏膜严重淤血，肠壁增厚。胸肌不同程度淤血。皮

下水肿。脾脏肿大，色灰暗。肺脏呈粉红或紫红色，气囊浑浊。盲肠扁桃体出血。法氏囊黏膜泛红。喉头气管内有黏液。

【防治措施】

1. 预　防

第一，选育优良品种。

第二，改善饲养环境。缺氧是造成肉鸡腹水综合征的重要原因，设计和改造鸡舍，解决好防寒保暖与通风换气的关系，以保证充足的氧气供应。鸡舍建筑时要有天窗，安装换气扇，定时强制通风换气，保证空气新鲜；改善供暖条件，较好的方法是采用恒温控制的风扇和由定时控制的负压通风系统来解决通风与温度降低的矛盾，从而有效降低腹水综合征的发病率。同时，采取高床平养，定期清理粪便及进行环境消毒，减少有害气体含量。

第三，改进饲养管理。早期适度限饲肉用仔鸡，由于早期生长速度快，防治效果明显。调整日粮营养水平和饲喂方式，采食低营养水平日粮的肉仔鸡发病远远低于采食高营养水平日粮仔鸡。建议在3周龄前饲喂低能日粮，之后转为高能日粮。研究表明，饲喂颗粒料会大大增加肉鸡腹水综合征发生的可能性，因此，在不影响其他生产性能的前提下，应尽可能地延长粉料饲喂的时间，限制肉仔鸡的快速生长，一般以2～3周龄给予粉料、4周龄至出栏给予颗粒料为宜。

第四，合理控制光照。研究表明，合理控制光照，采用间歇光照法是促进肉仔鸡生长发育、降低腹水综合征发病率的有效方法。方法是：肉仔鸡2周龄开始晚间采用间歇光照法，即2～3周龄光照1小时，黑暗3小时；4～5周龄光照1小时，黑暗2小时；6周龄至出栏光照2小时，黑暗1小时。

第五，合理控制营养。适当添加或控制维生素、微量元素、矿物质和氨基酸的用量。

2. 治疗　无菌操作用针管抽取腹腔积液，然后注入0.05%青霉素普鲁卡因0.2～0.3毫升，1%速尿注射液0.3毫升，严重

病例同时肌内注射10%安钠加0.1毫升。全群饮水中加入0.05%维生素C，或在饲料中添加氯化钙、利尿剂、健脾利水的中草药等。为防止继发感染，可在饲料中同时拌入抗菌药物。实践证明，治疗该病的价值和意义不大，一旦发病，建议及时淘汰处理。

四、笼养蛋鸡疲劳征

笼养蛋鸡疲劳综合征又称骨软化病、笼养鸡瘫痪，是由于日粮中维生素D、钙磷不足或比例失调，母鸡为了形成蛋壳而动用自身组织的钙引起的一种营养紊乱性骨骼疾病。该病是笼养蛋鸡骨骼疾病中最严重的疾病之一，也是现代化蛋鸡生产中最突出的代谢病，发病鸡大多是进笼不久的鸡和高产鸡。该病造成的损失是多方面的，主要引起蛋鸡的瘫痪、死亡以及产蛋下降，还影响鸡的屠宰加工。

【病　因】 各种原因造成的机体缺钙及体质发育不良是导致该病的直接原因。

（1）饲料中钙的添加不及时，已经开产的鸡体的钙不能满足产蛋的需要，导致机体缺钙而发病。蛋鸡料用得太早，过高的钙影响甲状旁腺的功能，使其不能正常调节钙磷代谢，导致鸡在开产后对钙的利用率降低，鸡群也会发病。

（2）钙磷比例不当。由于蛋鸡对钙磷是按照一定比例来吸收的，当钙磷比例失当，也不能充分吸收，影响钙往骨骼的沉积。

（3）维生素D添加不足。产蛋鸡缺乏维生素D时，肠道对钙磷的吸收减少，血液中钙磷浓度下降，钙磷不能在骨骼中沉积，使成骨作用发生障碍，造成钙盐再溶解而发生瘫痪。

（4）鸡群性成熟过早。由于鸡群开产过早，初产时鸡的生殖功能还没有发育完全。

（5）缺乏运动。如育雏、育成期笼养或上笼早、笼内密度过大、运动不足等，导致鸡的体质较弱而易发该病。

（6）光照不足和应激反应。由于缺乏光照，使鸡体内的维生素D含量减少，从而发生体内钙磷代谢障碍；另外，高温、严寒、疾病、噪声、不合理用药、光照和饲料突然改变等应激均能造成生理功能障碍，也常引起鸡群发病。

（7）炎热季节，蛋鸡采食量减少而饲料中钙水平未相应增加，也会导致发病。还有某些寄生虫病、中毒病、管理的原因以及遗传因素也能导致发病。

【临床症状】 病鸡表现颈、翅、腿软弱无力，站立困难。病初产软壳蛋、薄壳蛋，鸡蛋的破损率增加，蛋清水样。食欲、精神、羽毛均无明显异常。易骨折，胸骨软、变形。死鸡的口内常有黏液，常伴有脱水、体重下降。

【病理变化】 肺脏充血、水肿。心肌松弛。腺胃黏膜糜烂、柔软、变薄，腺胃乳头平坦，几乎消失，腺胃乳头内可挤出红褐色液体，有时腺胃壁（多在腺胃与肌胃交界处）出现穿孔。卵泡有出血斑。输卵管黏膜干燥，在子宫部常有一硬壳蛋。肝脏有浅黄白色条纹及小的出血点。肠内容物淡黄色，较稀，肠黏膜大量脱落。泄殖腔黏膜出血。

【防治措施】

1. 预　防

（1）加强管理　饲养密度不可过大，育雏期、育成期及时分群，上笼不可过早，一般在100天左右上笼较宜。在炎热的天气给鸡饮用凉水，在水中添加电解多维。做好鸡舍的通风降温工作。每天早起观察鸡群，以便及时发现病鸡并采取措施。按照鸡龄适时换料，一般在开产前2周开始使用预产料。

（2）加强营养　保证全价营养，使育成鸡性成熟时达到最佳的体重和体况。笼养高产蛋鸡饲料中钙含量不要低于3.5%，并保证适宜的钙磷比例，在每千克饲料中添加维生素D_3 2000国际单位以上。平时要做好血钙的监测，当发现产软壳蛋时应检测血钙水平。

2. 治疗　发现病鸡，及时从笼中取出，放在地面单独饲养，补充骨粒或粗颗粒碳酸钙，让鸡自由采食，病鸡1星期内即可康复。对于血钙低的同群鸡，在饲料中再添加2%～3%的粗颗粒碳酸钙，每千克饲料中添加2 000国际单位维生素D_3，经过2～3周，鸡群的血钙就可以上升到正常水平。粗颗粒碳酸钙和维生素D_3的补充需要持续1个月左右。如果病情发现较晚，一般20天左右才能康复，个别病情严重的瘫痪病鸡可能会死亡。

五、维生素缺乏症

维生素是鸡必需的营养物质之一，在生长发育和功能代谢中起着重要作用。大多数维生素在鸡体内不能合成或合成很少，必须靠优质的饲料来补充。一旦缺乏将会出现一系列的临床症状。最易缺乏的维生素主要有维生素A、维生素D、维生素B_1、维生素B_2、维生素E和维生素K。一旦缺乏这些维生素，就会使鸡体的健康水平迅速下降，导致各种疾病，甚至引起死亡。

（一）维生素A缺乏症

【病　因】 主要是饲料中缺乏合成维生素A的原料或饲料中添加维生素A不足所引起。如果母鸡缺乏维生素A，其所产的种蛋孵出的雏鸡，再喂缺乏维生素A的饲料。很容易发生维生素缺乏病。

【临床症状】 雏鸡病状出现在1～7周，出现的早晚根据蛋黄中维生素A的储量和饲料中维生素A的摄取量而定。首先表现生长停滞，嗜睡，羽毛松乱，轻微运动失调，鸡冠和肉髯苍白，喙和趾爪部黄色素消失。病程超过1周仍存活的鸡，眼睑发炎或粘连，鼻孔和眼睛流出黏性分泌物，眼睑肿胀，蓄积有干酪样的渗出物。

成鸡缺乏维生素A时，大多数为慢性经过。通常在2～5个月后出现症状。早期症状为产蛋不断下降，生长发育不良。之后，病鸡眼睛和窦发炎、肿胀，眼睑粘连，结膜囊内蓄积黏液性或干酪样渗出物，角膜发生软化和穿孔，最后失明。鼻孔流出大量的鼻液，呼吸困难。

【病理变化】 雏鸡眼睑发炎，常为脓性渗出物所粘连而闭合，结膜囊内蓄积有干酪样的渗出物。肾脏苍白，肾小管和输尿管内有白色尿酸盐沉积。严重时，心脏、肝脏和脾脏等均有尿酸盐沉着。产蛋鸡消化道黏膜肿胀，口腔、咽、食道的黏膜有小脓肿样病变，有时蔓延到嗉囊，破溃后形成溃疡。支气管黏膜可能覆盖一层很薄的假膜。结膜囊或窦肿胀，内有干酪样的渗出物。

【防治措施】 维生素A的正常需要量：每千克日粮中，雏鸡（0～8周龄）1 500国际单位，育成鸡（8～18周龄）1 500国际单位，产蛋鸡、种鸡4 000国际单位。维生素A缺乏时可按维生素A正常需要量的3～4倍混料喂饲，连喂2周后，再恢复正常需要量的水平。

（二）维生素B_1缺乏症

【病　因】 饲料中缺少富含维生素B_1的糠麸、酵母、谷粒及加工产品。长时间使用抗球虫及某些抗生素药物，如磺胺类药物等。

【临床症状】 雏鸡多在2周以前发生，表现为麻痹或痉挛，瘫痪坐在屈曲的腿上，头向背后极度弯曲，呈现所谓“观星”姿势，有的因瘫痪不能行动，倒地不起，抽搐死亡。成年鸡除了神经症状外，还表现鸡冠发紫，所产种蛋孵化率降低。

【病理变化】 胃肠道有炎症，十二指肠溃疡，睾丸和卵巢明显萎缩。雏鸡皮肤水肿，肾上腺肥大。

【防治措施】 适当多喂各种谷物、麸皮和新鲜青绿饲料等含有丰富维生素B_1的饲料。病鸡治疗用维生素B_1，口服，每千克体重2.5毫克；或肌内注射，每千克体重0.1～0.2毫克。

（三）维生素 B_2 缺乏症

【病　因】 饲料中缺乏富含维生素 B_2 的酵母、青绿饲料、豆类和麸皮。饲料中添加维生素 B_2 不足。

【临床症状】 雏鸡缺乏维生素 B_2 时表现为生长发育受阻、消化障碍、下痢、消瘦、衰弱。特征性的症状是病鸡的趾爪向内卷缩，呈“握拳状”，两肢瘫痪，以飞节着地，翅展开以维持身体的平衡，运动困难，被迫以趾部行走，腿部肌肉萎缩或松弛，皮肤干燥，下痢，有的发生结膜炎和角膜炎。种鸡产蛋率和种蛋孵化率明显降低，蛋白稀薄。

【病理变化】 重症病鸡坐骨神经和臂神经显著肿大而柔软，比正常的粗大 4～5 倍。羽毛脱落不全、卷曲。肝脏肿大和脂肪肝。胃肠道黏膜萎缩，肠壁变薄。

【防治措施】 饲喂酵母、谷类和青绿饲料，对防治维生素 B_2 缺乏症可收到较好效果。治疗此病可用维生素 B_2 纯粉，混饲，每日每只雏鸡 0.1～0.2 毫克，育成鸡 5～6 毫克，成鸡 10 毫克。连用 1～2 周。

（四）维生素 D 缺乏症

维生素 D_3 能调节机体内钙和磷的代谢，促进钙和磷由肠道吸收，对骨组织的沉钙成骨有直接作用。

【临床症状】 雏鸡缺乏维生素 D_3 时，在出壳后 10～11 天就会出现症状，一般是 1 个月左右发生。发病时间的早晚主要与雏鸡饲料中维生素 D 和钙的缺乏程度以及种蛋内维生素 D 和钙的含量有关。雏鸡的最初症状是腿部无力，喙和爪软而弯曲，走路不稳、费力，之后以跗关节着地，蹲伏休息，生长迟缓或完全停止。还表现羽毛松乱、无光泽，有时下痢。

产蛋母鸡缺乏维生素 D_3 以后 2～3 个月开始出现症状。早期表现为薄壳蛋和软壳蛋增加，之后产蛋量下降，最后停止产

蛋。种蛋孵化率降低。

【病理变化】 雏鸡特征变化是肋骨和脊柱连接处呈串珠状，长骨的骨骺部分钙化不良。成年母鸡的病理变化是骨软而易碎，肋骨内侧面有小球状的突起。骨骼柔软或肿大，肋骨表现特别明显，在肋骨和肋软骨的连接处显著肿大，并形成圆形的结节（念珠状肿），胸骨侧弯，胸骨正中内陷，使胸扩变小。脊椎在荐部和尾部向下弯曲。长骨质脆、易骨折。喙、爪、龙骨变软，龙骨弯曲，胸骨和椎骨接合处内陷，所有肋骨沿胸廓呈向内弧形弯曲的特征。后期关节肿大，母鸡呈现身体坐在腿上的特殊姿势。胚胎多在 10～17 日龄死亡。

【防治措施】 高产母鸡和发育中的雏鸡日粮中应添加足够的维生素 D_3，以防止维生素 D_3 缺乏症。雏鸡缺乏维生素 D 时，每次滴服 2～3 滴鱼肝油，每天 3 次。患佝偻病的雏鸡每次喂服维生素 D 2 000 国际单位。对于缺乏维生素 D 的鸡群，除了喂给富含维生素 D 的青绿饲料或按需要量添加维生素 D 以外，还要多晒太阳，保证足够的日照时间。

（五）维生素 E 和硒缺乏症

该病是由于家禽体内缺乏维生素 E 和硒所引起的以脑软化症、渗出性素质、白肌病和胰腺营养性萎缩为主要病变，且表现形式多样的营养代谢病。

【病　因】 日粮中维生素 E、硒供给量不足或饲料贮存时间过长是发病主要原因。该病有一定的地区性，发病地区一般属低硒地区，且多发生于缺乏青饲料的冬末春初季节。维生素 E 和硒的生理作用有协同作用，硒不足时，会使维生素 E 的需要量增加。

【临床症状】 多发生于 2～4 周龄的幼雏，可造成大批死亡。

成年鸡无明显症状，但其所产种蛋的孵化率显著降低，常在孵化过程中出现胚胎死亡；公鸡睾丸发生退行性变性，从而引起生殖功能减退。

幼雏可发生以下特殊病症。

脑软化症：表现共济失调，头向后或向下弯曲，有时向一侧扭曲。两腿节律性痉挛（急速收缩和弛张交替发生），但翅膀和腿并无完全麻痹，终因衰竭而死。

渗出性素质：多发生于3～8周龄的鸡。病鸡表现皮下组织水肿，多发生于胸腹部、翅下和颈部，严重时腹部皮下蓄积大量淡蓝绿色液体，致使其两腿不能靠拢而远远叉开，有时会引起突然死亡。

白肌病（肌营养不良）：多发生于4周龄左右的鸡。病鸡表现腿软，翅松软下垂，运动失调，颈部和四肢肌肉痉挛，冠髯贫血，眼半闭，角膜软化；严重时两腿完全麻痹而呈躺卧姿势，此时胸腹着地或腿向侧方伸出，陆续死亡。

胰腺营养性萎缩：是硒严重缺乏而导致的一种疾病，表现为生长不良，羽毛稀疏，补充维生素无效，多发生于1周龄左右的雏鸡。

【病理变化】

1. 脑软化症　主要病变是小脑软化肿胀，脑膜水肿表面常有小点出血，通常在脑软化症症状出现后1～2天，即可在脑内看到黄绿色浑浊的坏死区。

2. 渗出性素质　胸腹部、翅下、颈部等水肿部位剪开后可见皮下呈胶冻样，或流出稍黏稠的蓝绿色液体。心包积液，有时伴发白肌病，即胸肌坏死，有条状或花纹状坏死。

3. 白肌病　肌肉苍白，胸部及腿部肌肉出现灰白色条纹，严重时在肌胃及心肌的肌肉中也可见到。

4. 胰腺营养性萎缩　胰腺萎缩、硬化。

【防治措施】　在饲料中增加青绿饲料和带谷皮的籽实饲料，或定期喂给大麦芽、谷芽、中药黄芪和植物油等富含维生素E的饲料。治疗时，可在病鸡饲料中添加0.5%植物油；也可在每千克饲料内拌入5毫克醋酸维生素E；还可每天给病鸡喂服维生素

E 300 国际单位。同时补充硒制剂，每千克饲料含硒 0.05～0.10 毫克。在治疗该病时，同时给予硒和维生素 E 要比单用硒或维生素 E 时疗效好。

六、矿物质缺乏症

矿物质是维持家禽正常生命活动和生产性能的营养成分，参与体内各种代谢过程，并维持新陈代谢的相对稳定和平衡。如果机体内某种矿物质元素过多、缺乏或比例失调时，都会使鸡表现出一定的临床症状。

常见的矿物质元素缺乏症介绍如下。

（一）钙磷缺乏或比例失调

钙、磷与鸡的代谢密切相关，是动物体需要量最多的矿物质元素，是骨骼的主要组成成分。雏鸡从日粮中摄取的钙大部分用于形成骨骼，而成年产蛋鸡则用于形成蛋壳。在鸡的日粮中，钙、磷的含量不足或比例不当，饲料中缺乏维生素 D 等都会影响钙、磷的吸收和利用，从而引起钙、磷缺乏症。

【临床症状】 最明显的症状是骨骼的变化。该病多发生于 6 周龄以下的雏鸡，表现为生长停滞，骨骼发育不良；腿部骨骼易断，或变软而易弯曲，两腿变形、外展，站立不稳，喜卧地，病情严重者可发生瘫痪；龙骨弯曲。与维生素 D 缺乏症的症状相似。产蛋鸡的产蛋量下降，产出薄壳蛋、软壳蛋或无壳蛋，严重缺乏时，则停止产蛋；骨骼变薄，易发生自发性骨折；种蛋孵化率降低。

【防治措施】 平时保证鸡日粮中钙、磷、维生素 D 的供应，并保持钙、磷的比例适当。钙在饲料中的水平随着鸡周龄的增长而变化，日粮的含钙量 6 周龄以前的雏鸡其为 0.90%，6～14 周龄为 0.75%，14～20 周龄为 0.60%；产蛋鸡日粮中的含钙量应根据其产蛋率控制在3.20%～3.70%。日粮中磷的水平在这四个阶段分别为0.70%、0.60%、0.50%、0.50%～0.70%。应特别注意钙、磷的比例关系，当钙的水平超过1.50%，而磷的含量只有0.30%时，钙、磷的代谢就会发生紊乱，导致雏鸡发生佝偻病、骨折或骨骼变形；反之，磷的含量过高而钙的含量不足时，同样也会造成钙、磷代谢失调。当发现鸡群表现缺乏钙、磷的症状时，应尽快改变饲料成分，增加骨粉、鱼粉、贝壳粉或碳酸钙，同时增加多种维生素用量或饲喂鱼肝油，并让病鸡多晒太阳，其症状可较快消失。

（二）食盐缺乏症

氯和钠是两种重要的常量元素，普遍存在于体液、软组织和禽蛋中，维持机体的渗透压、酸碱平衡，对蛋白质和脂肪的消化吸收、代谢物质的输送、神经冲动的传递、维持心脏和神经肌肉的正常活动等都起着重要的作用。鸡是从饲料中摄取食盐的，饲料中食盐的含量应控制在0.30%～0.50%，若饲料中的食盐含量低于0.25%，则会出现食盐缺乏症；反之，如果饲料中的食盐含量过高，则可发生食盐中毒。

【临床症状】 病鸡食欲下降，出现消化障碍。雏鸡生长发育不良，异食癖，并可能出现神经症状，当受到惊吓时，神经症状则越发严重。产蛋鸡的产蛋量下降，体重减轻，有互啄现象。

【防治措施】 平时调配饲料时应加入适量食盐。治疗可在饲料中补加正常量的食盐，数天后鸡群的症状则可减轻或消失。

（三）锰缺乏症

锰是家禽生长、繁殖所必需的元素，对生长发育、蛋的形成、胚胎发育和骨骼发育都起到很重要的作用。此外，锰还有助于调节肌肉和神经活动，维持内分泌腺的正常功能和能量代谢。饲料中的锰的自然含量不足，禽类肠道的吸收功能差，饲料中

钙、磷的含量过高而使锰的利用率降低，都会导致锰缺乏症。

【临床症状】 雏鸡缺乏锰表现为生长停滞，骨骼发育不良，骨粗短，胫骨与趾骨连接处肿胀，胫骨远端和趾骨近端弯曲或扭转，后跟腱从踝状突滑出，又称滑腱症。运动失调，不能走动，病鸡往往因吃不到食物而逐渐消瘦死亡。青年鸡发生锰缺乏时，骨粗短，但不变软、变脆，这与钙、磷缺乏所致的佝偻病不同。产蛋鸡缺锰时，产蛋量减少，蛋壳变薄、易碎，孵化率降低，在孵化后期可引起胚胎大批死亡。胚胎畸形，腿短粗，翅膀短，下颚变短，似鹦鹉嘴，腹部突出，绒毛短硬或无毛，即使孵出雏鸡，其发育也较差，常表现为神经功能障碍。

【防治措施】 保证日粮中锰的含量。添加量为：6 周龄以前 60 毫克 / 千克，6 周龄以后为 30 毫克 / 千克。当发生锰缺乏症时，每 100 千克饲料中加入硫酸锰 15～20 克，氯化胆碱 100 克，多维素 40 克；或用 0.02%高锰酸钾溶液饮水，每日饮水 2～3 次，连用 2 天则停用 2 天，然后再饮用 2 天，可取得较好的防治效果。

七、啄　癖

啄癖产生的原因很复杂，多因营养代谢紊乱、日粮营养不均衡，饲养管理不当，如饲养密度过大，舍内环境潮湿闷热、氨浓度过高、光线过强，垫料管理不当等引发。

【病　因】

1. 环境管理方面　天气炎热，环境温度过高，体内热量散失受阻而使鸡烦躁不安；持续强光照射，使鸡的神经系统一直处于高度紧张不安状态；空气高度干燥、湿度严重不足；鸡舍通风不良，氨气、硫化氢、二氧化碳等有害气体过多；料槽、水槽不够，引起鸡采食时争斗；饥饿；产蛋箱不足，母鸡随地下蛋，破蛋壳引起食蛋癖；饲养密度过大；换羽时，鸡自啄解痒时偶尔出血，对其他鸡产生强烈的刺激，会造成群起而攻之的局面；换料

时的应激；没有及时断喙等均可引发啄癖。

2. 营养方面　饲料过分单一，缺乏某些维生素，如维生素A、硫胺素、核黄素、泛酸、烟酸、生物素等；缺乏蛋氨酸、甘氨酸、胱氨酸、精氨酸或氨基酸不平衡；钙、磷缺乏或比例不当；锌、硒、铜、铁等微量元素缺乏或比例不当；日粮中粗纤维含量不足；日粮中长期使用某些抗球虫药等。

3. 疾病方面　鸡群发生球虫病、白痢，体表寄生虫（如鸡羽虱、螨等）、外伤等易引起啄癖；患病鸡被健康鸡践踏、叼啄；母鸡生理性或病理性脱肛、鸡群感染法氏囊病早期易引起啄肛等。

【防治措施】 防治鸡啄癖最有效的方法是在雏鸡6～12日龄断喙。也可从科学管理、正确选料综合方面防治疗。

1. 加强饲养管理　定时喂料、喂水，间隔时间不要太长，以免让鸡产生饥饿感；提供足够数量的料槽和水槽；照明适当，夏季要避免强烈的太阳光直射入鸡舍；提供足够的优质垫料；饲养密度要适当；对产蛋鸡提供足够的产蛋箱；增加拣蛋次数，发现破蛋及时挑出，防治被鸡啄食；定期补饲沙粒，或悬挂青饲料，以增加鸡群的活动时间，减少互啄的机会；每日10～17时尽可能不间断地轻度驱赶鸡群，防止其形成互啄的习惯。

2. 选择全价营养饲料　如饲料中蛋白质不足可补充一些动物蛋白质饲料如鱼粉，或植物蛋白质饲料如玉米蛋白粉，但添加豆粕的效果不好；若是蛋氨酸或胱氨酸不足，可补充相应的氨基酸，如用0.1%的蛋氨酸拌料等；若是维生素不足，如维生素A、维生素B_1、生物素等不足，可补充相应的维生素，如用1%鱼肝油拌料，万分之一的多维饮水；若微量元素不足，如锌、硒、铜、铁等，可补充相应的添加剂，如硫酸锌、亚硒酸钠、硫酸铜、硫酸亚铁等；若硫不足，可添加1%硫酸钠，或1%～2%生石灰粉，或5%羽毛粉；若饲料中食盐量不足，可提高到1.5%～2%，连喂2～3天，或用1%食盐水连饮2～3天；若粗纤维含量不足，可在饲料中添加适量的糠粉或麸皮，使饲料粗纤维的含量达到5%左右。

3. 做好疾病防治及病鸡及时处理工作 做好传染性法氏囊病的免疫接种，防止发病引发啄肛；患有体外寄生虫时，及时用药清除寄生虫；及时预防和治疗球虫病；防止外伤，及时挑出有外伤的鸡；做好蛋鸡的科学饲养管理，防止生理性和病理性的脱肛，并及时隔离处理已脱肛的鸡；净化鸡白痢，防止鸡白痢的发生。发现被啄的鸡应及时挑出，隔离饲养；在被啄的伤口上涂有异味的药物，如碘酊、樟脑油、废机油等，可有效防止再次被啄。被啄伤的鸡群可服抗应激药。

第七章
中毒病

一、磺胺类药物中毒

磺胺类药物具有广谱、疗效确切、性质稳定、使用简便、价格便宜、便于长期保存等优点，家禽饲养上常用来防治大肠杆菌病、葡萄球菌病等，尤其对鸡传染性鼻炎、白冠病、球虫病等有独特疗效，但应用中常因使用方法不当造成中毒。磺胺类药物中毒主要是指在肠道内易吸收的药物，如磺胺嘧啶、新诺明等。磺胺类药物中毒常发生在 8 周龄以下的鸡群。由于这些药物的治疗量和中毒量十分接近，雏鸡比成年鸡敏感，纯种鸡比杂种鸡敏感，用药时间过长或剂量过大，就可能造成中毒，故应用时应严格掌握其用量。

【病　因】

1. 用药量过大　一般来讲，磺胺药可按饲料量的 0.1%～0.5% 添加，或按饮水量的 0.05%～0.3% 添加，若计算、称量错误等，导致饲料或饮水中含药量过高，引起中毒。

2. 用药时间过长　应用磺胺类药物，一个疗程 3～5 天，在有混合感染的情况下，症状难以控制，用药时间超过 7 天，可致蓄积中毒。

3. 搅拌不均　应用逐级稀释法，将药物均匀混于饲料或饮水中，如果直接将药物混于大量饲料中，则很难混匀，使局部饲

料中含药量过高，造成部分鸡中毒。

4. 用法不当 将一些不溶于水的磺胺类药物通过饮水法投药，水槽底部沉积大量药物，鸡饮用后可致中毒。

【临床症状】生长鸡精神沉郁，食欲减退，羽毛松乱，生长缓慢或停止，虚弱，头部苍白或发绀，黏膜黄染，皮下有出血点，凝血时间延长，排酱油状或灰白色稀粪。产蛋鸡食欲减少，产蛋下降，产薄壳、软壳蛋或蛋壳粗糙。

【病理变化】病变主要表现在皮下、肌肉广泛出血，尤以胸肌、大腿肌更为明显，呈点状或斑状。血液稀薄。骨髓褪色、黄染。肠道、肌胃与腺胃有点状或长条状出血。肝、脾、心脏有出血点或坏死点。肾肿大，输尿管增粗，充满尿酸盐。

【防治措施】

1. 预防 平时使用磺胺类药物时间不宜过长，一般连用不超过5天。1月龄以下的雏鸡和产蛋鸡多选用高效低毒的磺胺类药物，如复方新诺明、磺胺喹噁啉、磺胺氯吡嗪钠等。

2. 治疗 发现中毒立即更换饲料，停用磺胺类药物，供给充足的清洁饮水。在饮水中加入1%小苏打和5%葡萄糖，连饮3～4天；每千克饲料中加入5毫克维生素K，连用3～4天。同时加大饲料中维生素B用量正常量增加20%～30%，连续数日，至症状基本消失。

二、一氧化碳中毒

鸡舍特别是育雏舍在冬季采用火炕、火墙、火炉取暖，若煤炭燃烧不完全，可产生大量一氧化碳，排烟管道漏气或出烟口直排在鸡舍内且通风不良，空气中一氧化碳浓度达到0.04%～0.05%，就可引起中毒。

【临床症状】轻症者表现为食欲减退，精神萎靡，羽毛松乱，雏鸡生长缓慢。重症者表现为情神不安，昏迷，呆立，嗜

睡，呼吸困难，运动失调，死前出现惊厥。

【病理变化】 死亡雏鸡剖检可见血液凝固不良或不凝，呈现樱桃红色。脏器、组织黏膜和肌肉呈鲜红色或樱桃红色，皮肤和肌肉可视黏膜充血或出血。心、肝、脾肿大，心内外膜上可见散在的出血点。无其他病变。

【防治措施】 在生产中，应经常检查育雏室及鸡舍的采暖设备，防止漏烟、倒烟。鸡舍内要设有通风孔，保证通风良好，以防一氧化碳蓄积。发生一氧化碳中毒后。轻症者不需特别治疗，移至于空气新鲜处，可逐渐好转。严重中毒时，应同时皮下注射生理盐水或等渗葡萄糖液；给予强心剂，以维护心脏与肝脏功能；饮水中加入维生素 C 和葡萄糖。

三、有机磷农药中毒

鸡对有机磷非常敏感，当误食喷过有机磷农药的种子或作物时，容易引起中毒。用敌百虫给鸡驱虫，则更容易造成中毒。

【临床症状】 最急性中毒者往往突然死亡。有机磷农药可使副交感神经过度兴奋。急性中毒鸡表现大量流涎、流泪、流涕，下痢，呼吸加快，不食，口角流出多量带泡沫的涎液，频频出现吞咽动作，腹泻，腿软无力，运动失调，瞳孔缩小；严重时呼吸困难，冠及肉髯发绀，两腿麻痹，不能站立，最后昏迷、抽搐而死。

【病理变化】 剖检死鸡可见全身皮下肌肉出血斑点。嗉囊、腺胃、肌胃内容物有特殊的蒜味，胃肠黏膜充血、出血、肿胀、脱落。气管内充满大量泡沫状白色液体，肺淤血、水肿，切面有多量泡沫状液体流出。心肌和心冠脂肪有点状出血。肝、肾等实质器官变性，质地脆弱，土黄色。

【防治措施】

1. 预防 防止饲料和饮水被农药污染；不用有机磷类杀虫药给鸡驱虫。

2. 治疗 迅速排除毒物，采用嗉囊冲洗或嗉囊切开术取出带毒食物或灌服盐类泻剂。特效解毒药：肌内注射解磷定 0.2～0.5 毫升。对症治疗：肌内注射硫酸阿托品 0.2～0.5 毫升以抑制副交感神经的兴奋性。强心补液：肌内注射葡萄糖生理盐水或葡萄糖维生素 C 5.0 毫升，可防止因心力衰竭而造成的死亡。

四、黄曲霉毒素中毒

黄曲霉毒素中毒是因采食被黄曲霉毒素污染的饲料，以全身出血、消化功能紊乱、腹腔积液和神经症状为临床特征的中毒病。其发生主要是因鸡群采食了发霉变质的饲料，如玉米、豆类、麦类、配合饲料、农副产品等。任何品种、任何年龄的鸡都易感，发病急、病程短、死亡率高，给养鸡场造成较大的经济损失。

【临床症状】 发病初期，个别鸡精神委顿，羽毛蓬松，呆立不动，不食，排黄白色稀便；病程持续 2～3 天或更长时间；鸡群中大部分鸡精神委顿，羽毛蓬松，呆立不动，不食，排黄白色并夹杂绿色或带血的稀便；病鸡步态不稳，跛行，角弓反张；重者脱水，卧地不起，极度虚弱直至死亡。耐过雏鸡贫血，消瘦，生长缓慢。鸡群采食量大幅度下降，若不及时治疗，死亡率可高达 20%～30%，雏鸡死亡率高达 80%～90%。

【病理变化】 病死鸡皮肤呈紫红色；腹腔内有大量腹水；肠道潮红；肝脏肿大，色泽变黄，表面有许多针尖大的灰白色坏死点，胆囊肿大、出血；肾脏苍白，肿大，表面充血、切面出血，肾小管内有尿酸盐沉积；嗉囊内有大量发黑饲料；全身浆膜出血（心外膜、冠状脂肪上的出血点最明显）；肠道黏膜出血，十二指肠黏膜肿胀、出血明显，肠内容物有血液，肺脏、气囊、肠系膜等处有黄白色霉菌结节。

【防治措施】 立即清理剩余饲料及料槽中的饲料，清洗料槽和水槽，更换新鲜的全价饲料。将发病区隔离，防止继发其他传

染病，周围环境彻底消毒，焚烧、深埋病死鸡。

此病无特效治疗方法，为了缓解症状，减少死亡，可试用以下药物进行治疗。对发病鸡群全群饲喂制霉菌素（剂量按说明要求）；为了预防继发细菌性疾病，饮水中加入恩诺沙星粉剂；为了增强鸡群的免疫力、维持机体体液的酸碱平衡，饮水中加入黄芪多糖和糖盐水等。

第八章

病因复杂或不明原因综合征

一、新开产母鸡应激综合征

新开产母鸡应激综合征又称新母鸡病、笼养蛋鸡猝死症，是由多因素引起初产笼养蛋鸡以突发惊厥和死亡为特征的一种疾病。该病主要见于初产蛋鸡，当产蛋率达 20%～30% 时，出现死亡；当产蛋率达 80% 以上时，死亡率逐渐降低。

【病　因】 饲料中钙源不足，钙磷比例不当，维生素 D 缺乏；换料应激；缺氧，血氧浓度过低，呼吸性碱中毒，血液黏稠度增高；营养不良，饲料配方不合理和采食量下降；热应激导致体温升高；开产过早，开产时，个体过小，未达到体成熟，产蛋应激，性成熟与体成熟不同步；饮水量增加，使肠道菌群失调，导致感染魏氏梭菌、巴氏杆菌等。

【临床症状】 该病一年四季均可发生，但夏秋季更严重，多发于产蛋率上升阶段。产蛋鸡群白天大群采食、精神、粪便、产蛋均正常，夜间死亡，体质好的鸡死亡，体质差的鸡不死亡，死亡后尸僵不全，血凝不良，泄殖腔外翻出血。口腔内积有大量黏液。慢性病鸡两腿后伸，肌肉神经麻痹导致瘫痪或偏瘫，鸡冠颜色发绀。

【病理变化】 胸肌呈水煮样病变，肌肉贫血，苍白，有水分渗出。龙骨下、肝脏表面有血样渗出。肝脏肿大，质脆易烂，在

肝脏表面有绿豆粒大小凹陷性出血。腺胃变薄，乳头变小，严重的呈蜂窝状，引起腺胃穿孔。心脏冠状脂肪、腹部脂肪点状出血，心内膜出血。肠黏膜脱落，肠壁变薄，肠腔内积有大量气体引起肠管变粗。卵泡充血，输卵管内积有成形鸡蛋。肺部淤血、水肿，严重的形成坏疽。脑膜下充血、出血。

【防治措施】

1. 预防　加强饲养管理，严格控制上笼时间，一般开产前2周转笼。控制光照，保持体成熟和性成熟的一致，从20周开始，每周增加半个小时，到16小时为止。产蛋初期，产蛋料逐渐更换，避免应激。在开产前2～4周饲喂含钙2%～3%的专用预开产饲料。当产蛋率达到1%时，及时换用产蛋鸡饲料；当产蛋率达到5%～10%时换成高峰料。夏季晚上饮水时，加入1%～2%食用醋，预防该病很有效，可缓解碱中毒。做好通风降温工作，改善环境卫生，及时清粪消毒，防治病原微生物的滋生。饲料和饮水中添加维生素C或多维素，减少应激，并添加益生素，调整肠道菌群。

2. 治疗　夜间加强通风，10点再开灯半个小时，再让鸡饮用清凉的水。饲料中添加防暑降温药物，如维生素C、多维素、藿香正气水、十滴水等。为防治肠道菌群失调，添加新霉素等防治魏氏梭菌感染。对个别慢性瘫痪的病鸡，及时挑出笼外，补充钙质和鱼肝油。补充钙质，一般在下午2～4时补喂大颗粒（颗粒直径3～5毫米）的贝壳粉，每1 000只鸡喂给3～5千克；鱼肝油，每吨饲料加入500～800克。

二、心包积液－肝坏死综合征（安卡拉病）

心包积液肝坏死综合征（又称禽包涵体肝炎），是由禽腺病毒属中I群腺病毒引起的，危害幼龄鸡的一种急性传染性疾病。其主要特征是幼鸡突然死亡，病鸡贫血，出现黄疸，肝脏肿大、

出血、坏死，心包积液，并在肝细胞内形成包涵体。

【病　原】 禽腺病毒属于禽腺病毒科、禽腺病毒属，根据抗原性不同可分3个群，其中从鸡分离的Ⅰ群腺病毒有12个血清型；Ⅱ群腺病毒包括火鸡出血性肠炎病毒、鸡的大脾病病毒，其与Ⅰ群腺病毒无抗原相关性；Ⅲ群腺病毒有减蛋综合征病毒和从鸭中分离到的腺病毒，其与Ⅰ群腺病毒只有部分的共同抗原。

Ⅰ群腺病毒可在9～10日龄鸡胚尿囊腔及卵黄囊上进行传代，接种后5～10天鸡胚死亡，胚胎出血，肝坏死并有包涵体。腺病毒也可在鸡肾或鸡胚肝细胞上生长，并能使鸡肾细胞上形成蚀斑。该病毒对环境抵抗力较强，对热有抵抗力，56℃ 2小时、60℃ 40分钟不能致死病毒，有的毒株70℃ 30分钟仍可存活，可耐pH值3～9的环境。对乙醚、氯仿、胰蛋白酶、5%乙醇有抵抗力，能被1∶1 000甲醛灭活，对甲醛、双季铵盐、氢氧化钠溶液等消毒剂敏感，可用于临床上消毒。

【流行病学】 该病主要发生于3～15周龄的鸡，5周内肉仔鸡最易感，鸽、火鸡、鸭、鹅等多种家禽也可感染发病，产蛋鸡很少发病。传染源主要是患病鸡及带毒鸡，病毒通过粪便、呼吸道排出体外，健康鸡与患病鸡或带毒鸡直接接触或经污染的环境、用具、饲料、饮水感染发病。主要经呼吸道、消化道及眼结膜感染，也可通过种蛋垂直传播给下一代。多发于90日龄以内雏鸡和青年鸡，垂直传播3～7日龄即可发病，产蛋期的鸡也可发病，但死亡率较低。免疫过腺病毒疫苗的种鸡所孵化出的雏鸡有一定母源抗体，20天前很少感染腺病毒；不免疫腺病毒的种鸡所孵化出鸡最早5～7日龄就可感染。该病一年四季均可发生，但多发于夏秋季节。一般呈地方性流行，死亡率一般为10%～30%，若发生继发感染或混合感染，死亡率增加，严重时可达80%以上。

【临床症状】 自然感染的鸡潜伏期1～2天，在青年鸡群中发病迅速，常突然出现死亡鸡。死亡鸡尸体一般肌肉丰满，发

育良好。初期不见任何症状死亡，2～3天后少数病鸡精神沉郁，嗜睡，肉髯褪色，皮肤呈黄色，皮下出血，排硫黄样水便，污染泄殖腔周围羽毛，3～5天达死亡高峰，死亡率达10%，持续7～15天后，逐渐停止。蛋鸡可出现产蛋下降。鸡群如果继发其他鸡病，可使死亡率增加。4～10周龄的青年鸡出现双脚麻痹，临死前有的发出鸣叫声，并出现角弓反张等神经症状。贫血和精神沉郁的，病程可达10～14天。

【病理变化】 心包内有大量的黄色渗出液，心包变大，有时心包内积有黄色胶冻样渗出，心肌变软。肺部淤血。肝脏肿大，边缘钝圆，色泽土黄，质地变脆，有大小不一的出血和淡黄色坏死点。胆囊充盈，胆汁色淡，稀薄如水。脾脏肿大，有坏死点。肾脏肿大，发黄。腺胃肌胃交界处形成片状出血。

【诊　断】 根据肝脏肿大、褪色、充血出血，心包积液，肌肉出血，以及肝印片经苏木紫伊红染色在肝细胞核内发现包涵体可以初步诊断。注意与以下疾病鉴别诊断：

1. 弯曲杆菌病　在肝脏有出血点或出血斑，有时见肝被膜有血肿形成，血肿破裂进入腹腔形成凝血块，肝脏有灰白色或黄褐色坏死灶，但无心包积液，肺淤血和花斑肾，及腺胃出血等症状。

2. 脂肪肝综合征　多见于产蛋鸡，且多发于产蛋后期过肥的鸡，肝脏肿大，肝脏脂肪浸润呈黄色，肝质差易碎，往往肝被膜破裂，导致出血而死，但无心包积液、肺淤血、腺胃出血及花斑肾，青年鸡不发生。

3. 传染性贫血　主要发生于2周内的雏鸡，病鸡表现贫血明显，胸腺法氏囊萎缩，骨髓色淡发黄，肝脏褪色，肿大，全身出血，无心包积液、肝坏死和出血现象。

4. 传染性法氏囊病　以法氏囊变黄、水肿、出血和萎缩为特征，可见胸腺萎缩，肝脏发黄，肌肉条状出血，肾脏肿大，形成花斑肾，但无心包积液、肺淤血和贫血症状。

【防治措施】

1. 预防 目前对该病尚无有效疗法，也无疫苗用于预防。多数鸡感染本病后，不出现症状，因此，应注意卫生管理，预防其他传染病尤其是传染性法氏囊病的混合感染。引种谨防引进病鸡或带毒鸡，因该病经蛋传播。对病鸡应及时淘汰。经常用次氯酸钠进行环境消毒。增强鸡体抗病能力，病鸡可以添加维生素K及微量元素如铁、铜、钴等，同时在饲料中添加相应药物，以防继发其他细菌性感染。

2. 治疗 对发病鸡群可注射腺病毒卵黄抗体，每千克体重1毫升。在饲料中添加维生素C，每千克饲料添加400毫克，并添加保肝利水中药，如龙胆泻肝散。也可以在发病初期注射自家灭活水苗进行治疗，每千克体重1毫升，注射后3天停止死亡。

三、传染性腺胃炎

家禽传染性腺胃炎是一种以家禽生长不良、消瘦、整齐度差、过料等症状，以及腺胃肿大，或腺胃乳头扁平甚至消失，腺胃黏膜出血溃疡、脱落，肌胃黏膜溃疡、糜烂为主要特征的流行病。该病的临床症状、病理变化不尽相同，病原说法不一。自1978年此病在荷兰首次被报道后，世界各地均有发生，给养禽业带来巨大危害，不容忽视。

【病　因】

1. 传染性因素 鸡痘尤其是眼型鸡痘（以失明为特征），是传染性腺胃炎发病的重要原因；不明原因的眼炎：如传染性支气管炎、传染性喉气管炎、各种细菌感染、维生素A缺乏或通风不良引起的眼炎，都会导致腺胃炎的发病；一些垂直传播的未知病原或被特殊病原污染的马立克氏病疫苗，很可能是该病发生的主要病原，如鸡网状内皮增生症、鸡传染性贫血等；上皮细胞的腺病毒包涵体、呼肠孤病毒感染是发病的重要诱因之一；厌氧

菌，如梭状芽孢杆菌有时也是溃疡性肠炎、坏死性肝炎等均是继发感染因素。

2. 非传染性因素　饲料营养不良、硫酸铜过量、氨基酸不平衡、高生物胺、低纤维素、含霉菌毒素以及饲养密度过大，雏鸡早期育雏不良，雏鸡运输时间长脱水等是此病发生的诱因。以上因素与该病发生的严重性及死亡率有关系。该病常见于经常使用垫料的鸡场，经常注射抗生素特别是四环素类，也能诱发腺胃炎。

日粮中组胺超标，鱼粉、玉米、豆粕、维生素预混料、脂肪、肉骨粉等含高水平的组胺，如多巴胺、肌胃糜烂素和5-羟色胺。组胺是氨基酸分解代谢中脱羧化作用的产物，对动物有毒性作用。动物副产品粉变质可产生大量的组胺。鸡发生组胺中毒会导致生长缓慢、羽毛生长不良以及腺胃肿大。鸡的组胺中毒一般都与采食含高水平组氨酸的鱼粉有关，日粮含0.4%～0.5%的组胺就可造成永久性的生长迟滞并产生其他有害作用。

肌胃糜烂素是鱼粉加热过度致使其中酪蛋白和组氨酸发生相互作用而产生的，可使鸡的肌胃发生糜烂和溃疡，影响蛋白质的消化和利用，造成鸡的生产性能和饲料利用率低。这能解释为什么患有传染性腺胃炎的鸡会在粪中排出未经消化的饲料。

【临床症状】

1. 直升飞机羽（螺旋桨状羽毛）　即翅膀翼羽基部不完全断裂，断裂羽毛与体躯垂直，呈直升飞机螺旋桨状。病鸡食欲减退，生长停滞，羽毛粗糙、缺乏光泽、蓬乱，体重仅为健康鸡的1/2～2/3。病鸡初期表现精神沉郁，畏寒，呆立，压挤，缩头垂尾，采食和饮水急剧减少；后期可拖很长时间，最后由于采不到食，病鸡极度消瘦、苍白，逐渐衰弱而死。

2. 神经症状　多发生于发育较好的鸡群。病鸡病初表现脚软，蹲地啄食，而后两足瘫痪完全不能站立。侧卧，两腿后伸，朝向一侧或前后（左右）叉开，头向背后极度弯曲，后仰呈“观星状”，并做后翻滚动作。体温不高，常在1～2天内死亡。

3. 腹泻 病鸡排黄白色稀粪，饲喂变质鱼粉的病鸡还可见体温升高至 43～44℃。由于饲料转化率低，消化不良，粪便中可见到未消化的饲料颗粒。

4. 水肿 气温较高季节或饲养较良好的鸡群发病常可见水肿症状，在头部、下颌部、下腹部等部位出现蓝紫色水肿。

5. 皮肤苍白 病鸡冠、喙、爪显得苍白、贫血。

6. 鸡群大小参差不齐 部分病鸡逐渐康复，但体形瘦小，不能恢复生长，因此鸡群大小参差不齐。

【病理变化】 病鸡腺胃、肌胃病变具有特征性：腺胃肿大，严重者肿大如乒乓球状，外观与肌胃体积比不是正常的 1∶4～5，而是 1∶1.5 甚至是 1∶1，腺胃乳头扁平甚至消失，腺胃大过肌胃，手感变硬，切开见腺胃壁增厚、水肿，呈月牙状，指压可流出清亮液体，腺胃黏膜肿胀变厚，乳头肿胀、出血、溃疡，有的乳头融合、界限不清，严重的出现火山口样的溃疡直至穿孔。肌胃角质层增厚变硬易裂开，肌胃与腺胃交界处有溃疡线。胸腺、脾脏、法氏囊、胰脏严重萎缩，肠管变细，肠道有不同程度的出血性炎症。粪便呈腹泻，过料、颜色发暗。

【防治措施】

1. 预防 加强饲养管理，搞好环境卫生和消毒工作，供给全价饲料，防止饲料和垫料发霉。

2. 治疗 抗病毒用干扰素、抗病毒中药提取物饮水；防止继发感染用阿莫西林等对胃刺激性较小的药物饮水；健胃用大黄苏打片、奥美拉唑拌料 3～5 天，严重时加西咪替丁（1 千克饲料 1 片）拌料；也可用中药神曲、山楂、麦芽、苦参拌料。辅助治疗：用复合维生素 B、消化酶、治疗传染性法氏囊炎的药物均有效。

四、肌胃糜烂综合征

肌胃糜烂综合征是一种消化系统常见的疾病，不具有传染

性，由于出血性病变而导致肌胃类角质层膜发生糜烂和溃疡。主要表现为贫血、鸡冠苍白、排煤焦油样稀便，嗉囊内积大量液体，呕吐物呈黑褐色。该病可迅速导致病鸡脱水，严重消化紊乱，贫血以及自体中毒而死亡。

【病　因】

1. 大剂量使用鱼粉或使用劣质鱼粉　鱼粉中的酪蛋白在加热过度的情况下和组氨酸相互作用，产生肌胃糜烂素，使鸡的肌胃角质层发生炎症、出血、糜烂和溃疡。

2. 饲料霉菌毒素超标　发霉的饲料中霉菌毒素的含量很高，霉菌毒素对肌胃类角质膜具有腐蚀作用，在胃酸及消化酶作用下，导致肌胃出血、糜烂、溃疡和坏死。

3. 药物中毒　腐蚀性药物、刺激性药物（如消毒用氢氧化钠、氯制剂）、刺激类药物（如硫酸铜、红霉素、喹乙醇、磺胺类）等药物大剂量使用或使用方法不当时，在药物刺激下，会引起肌胃与腺胃交界处出现水肿、出血和坏死，引起肌胃角质层出现糜烂。

4. 锋利金属物或玻璃外伤引起　鸡误食了锋利的金属和玻璃制品，在肌胃有力收缩时导致肌胃角质层损伤，出现出血、坏死，严重时会引起肌胃穿孔。

5. 疾病引起肌胃糜烂　鸡传染性腺胃炎可引起腺胃及肌胃角质层糜烂，呼肠孤病毒感染可引起轻微肌胃角质层糜烂，腺病毒感染可引起肌胃角质层糜烂、角质层下出血，另外新城疫、禽流感也会引起肌胃角质层变性、角质层下出血以及肌胃角质层溃裂。在临床上采食量下降至废绝时，在胃酸作用下，也可引起肌胃糜烂。

【临床症状】 病鸡早期表现出食欲减退，采食量逐渐减少，直到有些病鸡彻底停止采食，随着病情恶化，病鸡表现出精神萎靡，双目紧闭，卧地不起，鸡冠苍白，全身贫血，产蛋鸡鸡冠萎缩，病鸡因失血导致运动失调或卧地不起，通常衰竭而亡。病鸡另一个典型的症状是嗉囊手感松软，积存大量液体和气体，倒提鸡从口腔内流出深咖啡色的液体。如果嗉囊内积大量液体，外观可见嗉囊处皮肤呈灰褐色，因此此病又称黑嗉病。病鸡发生腹泻，排出深咖啡色甚至煤焦油样黑便，导致后躯污染较多粪便，外观呈典型的“黑屁股”。

【病理变化】病鸡肌胃明显扩张，胃壁松软变薄，内容物较少，呈煤焦油样，且肌胃胶质膜增厚，呈树皮样，易剥离，往往皱裂、凸起、水肿，有的糜烂溃疡，肌胃肌层出血，严重时出现穿孔。腺胃内容物较少，呈深咖啡色。小肠黏膜发生出血，坏死和脱落，内容物呈煤焦油样。

【诊　断】根据嗉囊内积有发黑液体、排煤焦油样粪便，以及肌胃糜烂等特征可做出初步诊断。应注意与以下疾病鉴别诊断。

1. 传染性腺胃炎　腺胃明显肿大，胃壁增厚，呈半透明的球形；腺胃乳头呈扁平状，糜烂，坏死；腺胃充血、肿胀、出血；肌胃角质层容易剥离。

2. 鸡新城疫　腺胃乳头出血。肠淋巴滤液肿胀出血，严重时形成纽扣样坏死。肌胃角质层下有出血，内容物呈草绿色。

3. 球虫病　鸡小肠球虫感染病禽也会排出深红色煤焦油样粪便，表现贫血，剖检病变主要是肠道出血，但无肌胃糜烂现象。

【防治措施】在日粮中要使用优质鱼粉，添加量小于8%，并且对饲料原料严格把关，防止发霉，妥善管理和贮藏，避免霉变，合理用药，防止药物中毒，并且在饲料中添加适量维生素。

对发病鸡群要分析原因，若为饲料源引起，要及时更换饲料，并在饲料中添加组胺受体拮抗剂，如在每千克饲料中添加10毫克甲腈咪胺，并在饲料中添加维生素B_6 3～7毫克/千克；维生素C 30～50毫克/千克；维生素K_3 2～8毫克/千克；维生素E 5～20毫克/千克；中和胃酸，在饮水中添加碳酸氢钠0.2%～0.3%，每天早晚饮水1次，连用3天。对发病鸡肌内注射10～12毫克维生素K_3和50～100毫克止血酸，每天2次，连用3天，

对发病鸡群每千克体重在饲料中添加西咪替丁 4～5 毫克，连用 5～7 天。

五、肠毒综合征

肠毒综合征是由一种小肠球虫、魏氏梭菌病、腺病毒、呼肠孤病毒等多种病因引起的，是一种以肠道感染为主的急性传染病。肠毒综合征是近年来多发的一种综合征侯群，导致料肉比增加，引起肉鸡生长发育受阻，死亡率增加，严重危害肉鸡业的发展。

【病　因】

第一，饲养管理不当。肉鸡在饲养管理过程中，个别养殖户 24 小时不断料，使胃肠道一直处于工作状态，导致胃肠道功能减弱，消化液分泌不足，肠道一直处于充满状态，致使营养物质消化不良，在小肠前段吸收不完全，当食物进入肠道后段，过剩的营养物质被有害菌利用，致使肠道菌群失调、自体中毒。另外，潮湿、密度大、氨气重、通风不良等环境原因易诱发该病。

第二，小肠球虫感染。球虫大量的繁殖，使肠壁变厚，导致营养物质在小肠的吸收受阻，一方面导致饲料消化功能下降，饲料转化率降低；另一方面导致肠道菌群失调，引起肠炎，致使肉鸡出现料粪。

第三，魏氏梭菌等肠道有害菌大量繁殖，致使肠道内环境发生变化，加重腹泻症状。致使肉鸡采食量下降和出现番茄酱、胡萝卜丝样、鱼肠样粪便。

第四，继发病毒性肠炎。因肠道内环境发生变化，致使肠道黏膜免疫系统功能丧失，造成腺病毒、呼肠孤病毒继发感染，引起更严重的肠黏膜损伤。

第五，电解质大量丢失。因为肠黏膜的水肿、出血、脱落导致营养物质吸收障碍，引起电解质紊乱，后期出现乱飞、乱跳、尖叫和神经症状。

第六，自体中毒。因球虫、细菌产生大量内毒素，一方面内毒素吸收后引起神经症状和兴奋，另一方面因内毒素刺激肠黏膜，加重腹泻和降低消化吸收功能。

第七，霉菌毒素、棉粕、杂粕代替豆粕、劣质料油。近两年来，根据研究报道霉菌引起鸡群免疫抑制、霉菌毒素刺激肠黏膜，也加重了肠毒综合征的症状。近年来因为饲料价位过高，在饲料中棉粕、杂粕代替豆粕，导致饲料中粗纤维、拮抗成分含量过高，也加速了该病的发生。劣质料油酸败变质，刺激胃肠道，使胃肠道水肿，蠕动加快，也是导致该病发生的重要原因。

【流行病学】 发病日龄主要集中在2～7周龄，30日龄左右高发。近两年发病日龄趋于早化，最早1周之内的雏禽即有发生，危害加大。发病鸡群主要集中在肉仔鸡，一年四季都可以发生，但以温暖潮湿的夏、秋季节多发。

【临床症状】 初期仅见个别粪便稀便，不成形，内含未消化的饲料（料粪，含有玉米或内含有粕糁；浅红色粪便或浅黄、绿色粪便）；出现以上粪便2～3天后，肉鸡采食量下降，出现西红柿酱、胡萝卜丝样、鱼肠样粪便，导致消瘦，贫血；个别鸡精神沉郁、羽毛蓬松，闭眼似睡，头颈卷缩，离群呆立或蹲地，鸡群整齐度较差；发病鸡发育不良，生长受阻，大群精神尚好；后期鸡群出现尖叫、兴奋、跳跃。死前出现瘫痪昏迷等神经症状该病常与猝死综合征并发。

【病理变化】 早期病例剖检可见十二指肠、空肠肠壁肿胀，肠黏膜增厚，颜色变浅，呈灰白色，像一层厚厚的麸皮，极易剥离，小肠的浆膜表面有针尖至绿豆粒大小的红色出血点；剖检死亡鸡可发现肠壁变薄，黏膜脱落，肠内容物呈脓样、鱼肠样、番茄样；个别病例肠黏膜几乎完全脱落、崩解。

【诊　断】 根据流行病学、临床症状及病理变化，可做出初步诊断。确诊需进行实验室诊断。

【防治措施】

1. 预防　加强饲养管理，改善饲养环境条件，适当控制喂量。

2. 治疗　根据病因采取相应治疗方案：抗球虫、抗菌、调节肠道内环境、补充电解质和维生素等。肠毒综合征引起黏膜脱落，其结构、功能的恢复需要较长时间，彻底治愈，必须坚持连续使用 5～7 天。

六、肉鸡猝死综合征

该病又称暴死症或急性死亡综合征。

【流行病学】 一年四季均可发生，但以夏、冬两季发病略高。肉鸡发病有两个高峰期，即3周龄和8周龄左右。体重越大，发病越高。公鸡的发病率比母鸡高 3 倍左右。种鸡以开产前后为发病高峰，种鸡的发生率低于肉用鸡。其特点是发病急，突发性死亡。发病鸡群死亡率不太高，但惊吓、噪声、饲喂活动及气候突变等应激因素均可增高死亡率。

【病　因】 一般认为该病的发生与鸡的品种、营养、光照、个体发育、饲养密度、酸碱失调、药物（饲喂离子载体类抗球虫药时，发生率显著高于其他抗球虫药）等诸多因素均有关系。尤其是规模化饲养，肉鸡的品种培育向高度发育型发展，肉鸡生长速度快、体重大（尤其是 2～3 周龄的雏鸡的采食量大而不加限制，造成急剧快速生长），而相对自身的一些系统功能（如心血管功能、呼吸系统、消化系统等）尚不完善，导致过快增长需要与系统功能完善之间的矛盾，可能发生肉鸡猝死。饲料中蛋白质、脂肪水平过高，维生素、矿物质缺乏或比例不当，也可引起肉鸡猝死；光照时间过长，中间无间断关灯时间；饲养密度过大，通风不良，舍内有害气体过量；滥用药物等，也易造成猝死的发生。

【临床症状】 发病前肉鸡采食、活动、饮水及呼吸等均正常，无明显的发病先兆，有的病鸡临死前稍比正常鸡群安静，采食量略低，往往在喂食时发现个别鸡突然失控，翅膀急剧扇动，有的离地跳起，有的尖叫从发病到死亡持续时间1分钟左右，死后鸡多数两脚朝天，呈仰卧或腹卧，颈部扭曲，肌肉痉挛。

【病理变化】 鸡冠、肉髯充血。肌肉苍白。嗉囊、肌胃和肠道充盈，内有新鲜饲料。心脏比正常的大几倍，右心房扩张，心包液增多，偶见纤维素性渗出。肝脏稍肿大，质脆，有时出现破裂，色苍白。胸肌、腹肌湿润苍白。肾脏浅灰色或略白。肠管膨胀，其内容物似奶油状。肺淤血。脑充血，有出血点。

【防治措施】 从第二周开始对肉鸡采取限饲，但注意限饲时间切不可过长。合理控制光照法，建议8～21日龄光照12～16小时，22～42日龄光照18小时，42日龄以后每天光照20小时。适当让鸡活动锻炼，增强雏鸡对室外环境和气温的适应能力。第2～3周，饲料蛋白质应略低些，一般以19%～20%为宜，或者改颗粒饲料为粉状饲料，调整饲料类型。多种维生素（尤其是维生素B、维生素B_6、维生素A、维生素D、维生素E）、矿物质在饲料中的含量要充足；脂肪含量不能过高，用植物油代替动物脂肪可降低该病的发生。添加生物素被认为是降低本病死亡率的有效方法，每千克日粮添加300毫克。

在10～21日龄左右时，或对发生本病的鸡群，可用碳酸氢钾进行防治，每只0.5～0.6克，饮水投服；或在每吨饲料中添加3～4千克，连用3天，效果良好。

七、鸡肿头综合征

鸡肿头综合征是由禽肺炎病毒引起、并有致病性大肠杆菌等混合感染鸡的一种急性传染病。本病以头部肿胀、打喷嚏及其他呼吸道症状为特征。

【病　原】 禽肺炎病毒属肺病毒亚科、火鸡肺病毒属。病毒粒子呈多形性，直径大小为80～200纳米。从火鸡分离的禽肺病毒株对脂溶剂敏感，在pH值3～9之间稳定。4℃12周、20℃4周、37℃2天、50℃6小时即丧失活力。季铵盐类、乙醇、次氯酸钠等常用消毒剂均可有效杀灭病毒。不同地区的禽肺炎病毒毒株间存在抗原性差异，但从鸡体中分离的毒株与从火鸡中分离的毒株间有极高的相似性。

【流行病学】 肉鸡、肉种鸡和商品蛋鸡均可发生本病，但以4～7周龄肉鸡最为常见。该病主要经接触传染，发病突然，传播迅速。2天内常波及全场各群。病程10～14天。

【临床症状】 该病的严重程度与饲养管理及环境卫生状况息息相关。感染初期没有明显的临床症状，但存在传染性支气管炎病毒、大肠杆菌等致病因子时病情开始恶化。症状始见于眼部周围，继而发展到头部，再波及至下颌组织、肉髯和颈部。2～3天后，头、面部水肿加剧，眼结膜发炎，鼻腔泡沫性分泌物，流泪，眼睑呈卵圆形隆起，眼裂闭合。有的下颌、肉髯也出现水肿。患鸡通常伴有喘气、打喷嚏等呼吸道症状，少数出现斜颈、神经紊乱、角弓反张等神经症状。部分老龄鸡群还出现咳嗽、摇头。蛋鸡产蛋量下降至70%，蛋品质变差。羽毛被眼、鼻分泌物所污染。鸡群的感染率不超过4%，死亡率仅2%。

【病理变化】 头、颈、垂肉皮下胶冻样或脓性水肿，眼结膜炎，眶下窦肿胀。颅骨气腔中充满干酪样物质，中耳感染，充满浆液性或脓性分泌物；鼻甲骨黏膜、泪腺淤血及点状出血，角膜溃疡；腭裂及气管下部有小点出血。产蛋鸡表现为卵黄性腹膜炎。

【诊　断】 根据特征性头肿大症状即可做出初步诊断。确诊需依靠病原分离和血清学试验。细菌分离常可见大肠杆菌和葡萄球菌。可收集发病初期的鼻腔分泌物或窦组织经接种SPF鸡胚或气管组织进行病毒分离；亦可直接检测病毒抗原或核酸以及应用中和试验、酶联免疫吸附试验、荧光抗体技术等血清学方法。注意与非典型新城疫、禽流感、传染性支气管炎、传染性鼻炎、鸡毒支原体病及大肠杆菌病相区别。例如，该病与大肠杆菌病的症状有许多相似之处，但前者很少有昏睡和下痢症状；而后者一般到后期才出现肿头症状，且有明显的心包炎、肝周炎病变。而与传染性鼻炎的区别在于：后者有大量鼻液，且有黄色结痂阻塞鼻孔，而前者无这种现象。

【防治措施】 改善饲养管理，加强通风，保证鸡舍合理温湿度，降低饲养密度，定期消毒。及时投服恩诺杀星、环丙沙星或氨苄青霉素、磺胺间甲氧嘧啶等敏感抗菌药物，适当配合抗病毒药物，可迅速控制病情。亦可选用弱毒疫苗或灭活疫苗免疫预防。

发现病鸡立即隔离淘汰。实行全进全出制，同幢鸡舍不应饲养多龄鸡群。空舍后，养禽器具要清洗消毒，鸡舍用福尔马林蒸汽熏蒸。

八、鸡呼吸道综合征

鸡呼吸道综合征是指由病毒、细菌、支原体、免疫抑制病病原和不利的环境条件等多种原因引起并发或混合感染的呼吸道病。该病比单一感染更多见，而且诊断难度大。鸡群常规免疫接种引起的呼吸道反应在该病发生过程中起重要作用。

【病　因】

1. 呼吸道疾病之间的相互作用 临诊上常出现几种病原混合感染，病原间相互作用，导致该病的发生和流行。最常见的病因是支原体、新城疫病毒、传染性支管炎病毒之间的相互作用。其他病原体，如鸡副嗜血杆菌、腺病毒、禽流感病毒、呼肠孤病毒和喉气管炎病毒等，也可与鸡毒支原体产生协同致病效果。

2. 免疫抑制病病原对引发呼吸道病的作用 免疫抑制是指机体在某种物理、化学和生物因素的作用下，机体免疫应答能力降低或无应答性。机体感染免疫抑制病病原后，影响某些疫苗的接种效果，使其免疫应答下降或无免疫应答，这种情况在鸡场里

经常发生。常见免疫抑制病有：鸡传染性法氏囊病、鸡白血病、鸡网状内皮增殖症、鸡传染性贫血、鸡马立克氏病等，可使鸡对呼吸道传染病的易感性大大增加。新城疫和各种禽流感也可导致免疫抑制，加上二者也可引起呼吸道症状，这两种病毒的感染会使鸡的呼吸道疾病更加复杂，更难控制。

3. 环境因素作用　环境因素主要包括禽舍空气中的氨气、尘埃含量及温度等在引起家禽呼吸道疾病方面扮演着重要角色。

4. 疫苗接种反应　鸡对呼吸道病毒的抵抗力依赖于广泛使用活毒疫苗，如新城疫和传染性支气管炎活疫苗。疫苗接种后，其疫苗毒都在鸡体内复制，并引起某种程度的细胞损伤。其导致的临床症状和病理变化称为“疫苗接种反应”。

【临床症状】病禽精神不佳，呼吸困难，打呼噜，咳嗽，喘气，有尖叫声，流泪，流鼻涕，甩头，有时可见咳出带血黏液，眼结膜发炎，眼睑、眶下窦肿胀，冠发绀，食欲不振，饮欲增加，生长停滞，产蛋下降，蛋壳质量变差。

【病理变化】喉头、气管充血、出血，有黏液，有时可见带血黏液或黄白色干酪样物覆盖，支气管黏膜水肿，内有黏液。肺水肿、充血，有时可见有灰白色小结节。气囊壁增厚、浑浊，有纤维素性物质或黄白色干酪样物，肿胀的眼内、眶下窦、鼻腔充满脓稠黏液或干酪样物。

【防治措施】

1. 杜绝传染源传入，加强疫病监测　有些传染病，多由于种鸡带菌（毒）或通过胚传疾病而传入，如鸡毒支原体病、鸡白痢、禽白血病、网状内皮组织增殖症等。这些疾病的病原体可较长时间藏匿在鸡场内，当遇到其他病原或不良因素时，就会导致呼吸道疾病。杜绝病原传入，关键的措施是加强种鸡群的疫病监测。采取血清方法，经过3～4次检测，将上述疫病的阳性鸡淘汰。

2. 控制好免疫抑制性传染病　可通过免疫接种发来控制此类疫病的发生，如传染性法氏囊病、马立克氏病、鸡传染性贫血

等。此外，还应加强禽流感灭活苗的免疫，避免该病与其他呼吸道混合感染。

3. 做好环境控制和净化　加强鸡舍消毒，使鸡的气管和支气管上皮纤毛不受损害，增强鸡体自身的抗病力。雏鸡舍可采取局部保温和通风结合，添加粉状饲料过程中，空气中尘埃颗粒大量漂浮，要注意通风，减少鸡舍空气中的病原。

通过以上防治对策，使多种病因转为单一病因，就会便于治疗，控制疾病。

九、鸡习惯性腹泻

腹泻是机体消化功能病理性表现的一种临床症状。当机体肠道黏膜发生炎症、出血、坏死，饲料中粗纤维过高，细菌、霉菌、球虫及腐败变质饲料产生的毒素造成的化学性刺激和机械性损伤，引起肠黏膜水肿，分泌功能加强，肠液大量分泌，肠腔内水分增加，形成稀薄水样的肠内容，同时由于机械和化学性刺激，使肠蠕动加快，内容物在肠内停留时间过短，不能充分消化吸收，发生腹泻。腹泻在某种意义上是排泄消化道内有害物质，有一定防御作用，但长期腹泻会造成水和电解质大量流失，引起脱水和酸中毒。腹泻原因多，机理复杂。在临床过程中因不同原因采取相关的措施，才能有效防控腹泻的发生。

【病　因】

1. 非感染性腹泻

（1）热应激　产蛋鸡最适温度是 13～23℃。随着温度升高，家禽散热主要靠张口呼吸排出蒸汽和大量饮用凉水。夏季蛋鸡随着饮水量增加，肠道消化液浓度降低，引起营养物质消化吸收受阻。营养物质达到小肠后段被有害菌利用，导致肠道菌群失调，有害菌大量繁殖产生毒素，刺激肠道使肠道蠕动加快，引起腹泻。

（2）换料应激　青年期饲料蛋白质、钙质较低，而高峰期饲

料蛋白质、钙质较高。若换料速度过快，导致鸡肠道不适应，引起营养物质吸收不全，同时石粉等钙质刺激也加速肠蠕动加快，再加上营养物质浓度较高，使肠道渗透压增高，也加重了腹泻。

（3）**劣质饲料腹泻**　在饲料内添加杂饼、杂粕或抗生素残渣替代豆粕，这些蛋白替代品含纤维素高，腐败变质，刺激胃肠道，引起腹泻；劣质鱼粉、肉骨粉中含组胺、毒素，刺激胃肠，引起腹泻；使用劣质油质，油质腐败酸化，刺激胃肠道引起腹泻。另外，当饲料中盐分过高，鸡大量饮水，也可导致腹泻。

（4）**水质差**　使用浅表水，除水中微生物及大肠杆菌超标外，水中矿物质含量高，饮用后引起肠道渗透压升高，使肠道水肿，肠液渗出，引起腹泻。

（5）**药物性腹泻**　由于感染性腹泻治疗不合理，长时间使用抗菌药物，导致肠道内有益菌数量减少，菌群失调，导致不敏感细菌或真菌大量繁殖，导致二重感染引起腹泻。

2. 感染性腹泻

（1）**细菌性腹泻**　夏秋季节气温较高，湿度大，适合细菌繁殖，再加上夏秋季节鸡饮水量较多，营养物质在小肠前段吸收差，在后段被梭菌、大肠杆菌利用，导致菌群失调，有害细菌产生毒素，刺激胃肠道水肿、出血，使胃肠道蠕动加快，引起腹泻。

（2）**病毒性腹泻**　生产上引起鸡发生腹泻的主要病毒有腺病毒、新城疫病毒、禽流感病毒等。这类腹泻多发生于成年鸡，具有持久性，用抗菌药治疗大多无效，有些虽然能缓解一下病情，但停药后会复发腹泻。

（3）**寄生虫性腹泻**　产蛋前不注意驱虫工作，引起球虫、线虫、绦虫感染，一方面，这些寄生虫机械性刺激胃肠道，引起损伤，使营养物质吸收受阻；另一方面，这些寄生虫在繁殖过程中利用大量氧，使肠道pH值下降，缺氧产酸，引起肠道蠕动加快，导致腹泻。

（4）**霉菌性腹泻**　念珠菌、曲霉菌感染鸡体后在消化道内大

量繁殖，引起消化道水肿、出血，且产生毒素，刺激胃肠道，导致蠕动加快，引起腹泻。

【临床症状】 病鸡精神萎靡，低头闭目，羽毛松乱，两翅下垂，食欲减退或废绝，虚脱无力，腹泻，排白色、黄绿色或棕色稀便，泄殖腔周围的羽毛被稀便污染，最后衰竭而死亡。成年鸡因病因不同而症状各异，一般表现食欲减退，饮欲增加，行动迟缓，体弱无力，嗜睡喜卧，腹下羽毛常被粪便污染，产蛋量下降或者停产。

【病理变化】 肠黏膜有急性炎症，侵及黏膜下层、肌层和浆膜层，肠管变化明显，往往见肠道水肿、出血，严重时形成坏死和黏膜脱落。

【防治措施】 腹泻原因较多，因此在临床中应根据不同原因采取不同防治措施，才能取得满意的效果。

1. 非传染性腹泻防治 对于热应激引起的腹泻重点做好防暑降温工作，采用湿帘和喷雾降温，在饮水中可以添加2%碳酸氢钠。产蛋鸡换料时要逐渐换料，一般7～10天完成，使鸡的消化道有一个适应过程。使用优质饲料和符合卫生条件的饮水，合理使用抗生素，平时可以添加益生素和寡糖类微生态制剂。加强消毒工作，改善环境条件，减少各种应激。

2. 传染性腹泻防治 分析腹泻的原发及继发因素，以及其发生的诱因，采取综合防控措施，在治疗原发病的同时，采用中西药结合对腹泻进行治疗，以新霉素配中药白头翁散拌料，进行治疗；对严重的顽固性腹泻可以使用活性炭或炒麸皮，按5%量拌料，起到吸附水分或毒素的作用，缓解腹泻。对于久治不愈的腹泻，可在使用以上药物的同时，使用收敛止泻药物，如次硝酸铋等，起到涩肠止泻作用。在使用抗生素后，马上使用大剂量益生素，使肠道菌群快速恢复；对寄生虫病引起的腹泻，应结合抗寄生虫药物，做好驱虫工作；对于病毒性腹泻；针对不同病毒，采用相应的治疗方法。

十、肉鸡低血糖综合征

肉鸡低血糖又称为尖峰死亡综合征，是一种主要侵害肉鸡的疾病。临床上以发病率低，突然出现高死亡率，死亡至少持续3天，同时出现低血糖症状为特征。

【病　因】本病的真正原因至今尚不清楚。禽腺病毒、传染性支气管炎病毒、禽脑脊髓炎病毒可能与该病有关，也有人认为该病与日粮中富含易被氧化的动物副产品、霉菌毒素以及其他有毒物质、应激等因素有关，但均未得到证实。

【流行病学】该病世界各地均有发生，发病批次集中。发育良好的公鸡发病率高，相同条件下肉鸡公雏发病率约为母雏的3倍。8～16日龄开始发病，12～28日龄为死亡高峰，以4%～8%的死亡率持续2～4天，之后逐渐下降。呈典型的尖峰死亡曲线。发病后期易继发其他疾病，继发新城疫时候比较多，出现新城疫的典型症状及病理变化。

【临床症状】发育良好的鸡突然发病，食欲减退。早期白色下痢明显，有的排米汤样粪便，晚期常因排粪不畅而有异物堵塞肛门。病鸡有轻微的呼吸道症状，食欲减退，缩头缩翅，发热，头部轻微震颤，共济失调，大声鸣叫，瘫痪，昏迷，蹲地。一般发病后3～5小时死亡，病程长的大约在28小时死亡，死前大多发出尖叫声。即使症状得到缓解或消失，也会常出现跛行。部分病鸡可康复。

【病理变化】病死鸡消化系统出血和坏死，肌胃与腺胃交界处呈紫黑色，多有出血或溃疡灶。法氏囊萎缩，囊腔内有较多黏液，黏膜层有出血点并存在散在坏死点。肝脏肿大，弥散有针尖大白色坏死点，颜色灰暗，胰腺萎缩、苍白，有散在坏死点。脾脏、肠道淋巴结萎缩。胸腺萎缩，有出血点。肠道黏膜水肿，直肠内有横行的条纹状出血，肠腔内有部分米汤样粪便滞留。肾脏肿大，呈花斑状，输尿管有尿酸盐沉积。

【诊　断】 根据病禽急性死亡、死亡前出现鸣叫、共济失调等特征，可做出初步诊断。采用避光和添加葡萄糖诊断性治疗而确诊。

【防治措施】

目前该病尚无特异性治疗方法，一般采取减少应激及加强糖原分解等辅助手段。限制光照、补充葡萄糖及多维具有一定效果。发病鸡每日给光 16 小时，夜间间断给光并采食饮水。饮水中添加葡萄糖及多维，死亡率可以降低。

预防该病时应遵循“防重于治”的原则。该病发生与气候变化大、环境温度控制不好有密切关系。因此，加强雏鸡的饲养管理，适当调节进雏时间是避免发生该病的主要措施。

附 录

附录一 参考免疫程序

附表 1–1 商品代蛋鸡免疫程序

日 龄	病 名	疫 苗	免疫方法	备 注
1	马立克氏病	CV1988/Rispens	颈部皮下注射	
7～14	新城疫 传染性支气管炎	Ⅱ系、Lasota 株、克隆 $30H_{120}$ 株	点眼、滴鼻或气雾滴鼻或饮水	或用新城疫、传染性支气管炎二联苗（Ⅳ系 $+H_{120}$，以下简称“新支二联苗”）
14～21	传染性法氏囊病禽流感	NF_8、B_{87}、BJ_{836} 中等毒力苗油乳剂	饮水、滴口 颈部皮下注射	
21～28	新城疫鸡痘	Ⅱ系、Lasota 株、克隆 30 鹌鹑化弱毒苗	点眼、滴鼻、饮水、气雾皮下刺种	油乳剂与Ⅱ系或Ⅳ系同时免疫
28～35	传染性法氏囊病、鸡毒支原体感染	NF_8、B_{87}、BJ_{836} 中毒苗 TS_{200} 株活疫苗	饮水、滴口点眼	
35～42	传染性喉气管炎传染性鼻炎	冻干弱毒疫苗 油乳剂灭活苗	点眼滴鼻 皮下注射	非疫区不用
42～50	传染性 支气管炎禽流感	H_{52} 株油乳剂	滴鼻、饮水肌内注射	或用新支二联苗

续附表 1-1

日　龄	病　名	疫　苗	免疫方法	备　注
70～80	新城疫 传染性喉气管炎	Lasota 株或Ⅰ系 冻干弱毒苗	喷雾或饮水 （肌内注射） 滴鼻点眼	据抗体水平 非疫区不用
90	禽霍乱	$C_{190}E_{40}$ 弱毒苗	肌内注射	
110	传染性鼻炎、 鸡毒支原体感染	油乳剂灭活苗 TS_{200} 株弱毒苗	皮下注射点眼	
120～140	新城疫、传染性 支气管炎、减蛋 综合征禽流感	油乳剂 油乳剂	肌内注射 肌内注射	可用单苗，也可 用二联或三联苗
300	新城疫 禽流感	Lasota 株油乳剂	饮水肌内注射	根据抗体水平使用

注：可根据当地实际情况增减使用疫苗。但要注意疫苗之间的干扰现象，特别是新城疫疫苗、传染性法氏囊病疫苗、传染性支气管炎疫苗、传染性喉气管炎疫苗使用间隔应不少于 1 周。禽脑脊髓炎疫苗使用前后 2 周不要考虑使用其他疫苗。

附表 1-2　商品代肉鸡免疫程序

日　龄	疾病名	疫　苗	免疫方法	备　注
1	马立克氏病	CV1988/Rispens	颈背皮下注射	
7～10	新城疫 传染性支气管炎	Lasota 株 H_{120} 株	滴鼻点眼、饮水、 气雾滴鼻、饮水	或用新支二联苗 （Ⅳ系 +H_{120}）
10～14	传染性法氏囊炎 禽流感、新城疫	NF_8、B_{87}、BJ_{836} 二联灭活苗	滴口、滴鼻 点眼肌内注射	
17～21	新成疫 传染性支气管炎	Lasota 株 H_{120} 株	滴鼻点眼 滴鼻、饮水	或用新支二联苗 （Ⅳ系 +H_{120}）
24～28	传染性法氏囊炎	NF_8、B_{87}、BJ_{836}	滴口、滴鼻点眼	
30	鸡痘	禽痘弱毒苗	皮下刺种	按季节适时应用

注：若某场鸡群慢性呼吸道病严重，可在 15 日龄用鸡毒支原体活苗点眼 1 次。有病毒性关节炎者可加用该种疫苗。

附表 1–3 蛋、肉种鸡免疫程序

日 龄	病 名	疫 苗	免疫方法	备 注
1	马立克氏病	CV1988/Rispens	颈部皮下注射	
3～5	新城疫传染性支气管炎	Ⅱ系、Lasota 株、克隆 30 H_{120} 株	点眼、滴鼻或气雾滴鼻或饮水	或用新支二联苗（Ⅳ系 +H_{120}）
12～14	传染性法氏囊病禽流感	NF_8、B_{87}、BJ_{836} 中等毒力苗油乳剂	饮水、滴口颈部皮下注射	
16～18	病毒性关节炎	病毒性关节炎 1 号苗	皮下注射	仅适用于肉种鸡
21～28	新城疫鸡痘	Ⅱ系、Lasota 株、克隆 30 鹌鹑化弱毒苗	点眼、滴鼻、饮水、气雾皮下刺种	油乳剂与Ⅱ系或Ⅳ系同时免疫
28～35	传染性法氏囊病、鸡毒支原体	NF_8、B_{87}、BJ_{836} 中毒苗 TS_{200} 株活疫苗	饮水、滴口点眼	
35～42	传染性喉气管炎传染性鼻炎	冻干弱毒疫苗油乳剂灭活苗	点眼滴鼻皮下注射	非疫区不用
42～49	病毒性关节炎	病毒性关节炎 2 号苗	皮下注射	仅适用于肉种鸡
50～57	传染性支气管炎禽流感	H_{52} 株油乳剂	滴鼻、饮水、肌内注射	或用新支二联苗
70～80	新城疫传染性喉气管炎	Lasota 株或Ⅰ系冻干弱毒苗	喷雾或饮水（肌内注射）滴鼻点眼	据抗体水平非疫区不用
90	禽霍乱	$C_{190}E_{40}$ 弱毒苗	肌内注射	
110	传染性鼻炎、鸡毒支原体	油乳剂灭活苗 TS_{200} 株弱毒苗	皮下注射点眼	

续附表 1–3

日龄	病名	疫苗	免疫方法	备注
120～140	新城疫、传染性支气管炎、 减蛋综合征 传染性法氏囊病 禽流感	油乳剂 油乳剂 油乳剂	肌内注射 肌内注射 肌内注射	可用单苗、也可用二联或三联苗免疫、商品鸡不免传染性法氏囊炎
300	新城疫 禽流感	Lasota 株 油乳剂	饮水肌内注射	根据抗体水平使用

附录二 剖检技术

一、剖检常用的器械

主要有：手术刀、手术剪、镊子、骨钳、手术盘、注射器、试管、塑料袋、培养器和消毒液等。

二、剖检前检查

首先，注意检查其外观，如羽毛、骨骼及流出的黏液等；其次，活鸡还要注意观察其临床症状。

三、剖检程序

1. 放血与消毒

（1）放血 病鸡保定用左手拇指与食指抓住鸡翅膀，左手小拇指勾起病鸡腿部，左手食指、拇指抓住鸡喙部，使鸡的颈部呈弓状，右手拿剪刀从病鸡耳后无毛区剪开颈静脉和动脉，充分放血至病鸡死亡。注意在放血过程中不要损伤气管和食道，以免影响病理观察。

（2）消毒 病鸡放血后，为防止病原扩散和影响视野观察，在病理剖检之前，对病死鸡尸体采用浸泡消毒法进行消毒。

2. 病理剖检方法和术式

（1）将鸡背位仰卧，拉开两腿，切开腿腹之间的皮肤。然后紧握大腿股骨处，向前向下向外折，使股骨头与髋臼完全分离，将标本平放在平台上。

（2）先沿中线将胸骨嵴和肛门之间的皮肤剪开，然后将皮肤向前撕开，暴露整个胸腹部，甚至连同颈部全部暴露出来。检查皮下和胸肌有无出血等异常。

（3）用剖检刀在胸骨和肛门之间，横切腹壁和两侧胸肌。用骨钳剪断两侧肋骨骨条、喙突和锁骨，或先剪断喙突和锁骨，再切开两侧肋骨和腹壁。此时即可将整个胸骨及其附属结构从尸体上取下，充分暴露所有内脏器官，以便进行检查。

（4）分别检查心脏、肝脏、肌胃、肠道、腹气囊和部分胸气囊的外观有无明显病变，将肌胃整侧拿开，可无菌暴露脾脏，进行分离培养，可用无菌操作采集拭子样品；或切开内脏器官进行无菌采样。注意必须先无菌采集培养用样品，再检查脏器的病变。

（5）取出并检查心脏、肺脏。如有必要可进一步检查迷走神经。重点是心包、心冠脂肪、心肌及肺脏有无出血点和坏死灶等。

（6）切开并仔细检查肌胃、腺胃和食道。剥离内膜后，检查肌胃黏膜，特别要注意其与腺胃的结合部有无出血点和糜烂等情况。

（7）从腹腔取出肠道，检查腹气囊。慢慢切开肠管，检查肠壁和肠内容物，重点注意盲肠和小肠段的外观和内壁。纵向切开整个肠管，检查有无球虫、炎症、出血、坏死性或溃疡性病变，有无内寄生虫。

（8）检查肾脏和生殖器（卵巢和睾丸）。必要时，可将其取出体外进行更仔细地检查。检查泄殖腔是否有出血等病变。仔细检查法氏囊的外观和大小，切开后做进一步的检查。

（9）沿喙的两侧剪开头颈部皮肤，暴露整个口腔、颈部的食管和气管等，检查口腔和咽喉部有无出血、炎症、溃疡、肿胀及黏膜和黏液分泌的情况。分别切开气管和食道，观察其内部黏膜有无出血、黏液分泌等情况，将喙部在鼻腔处横向切开，检查鼻腔和窦。

（10）剥离颅骨和上颌的皮肤。用骨钳从枕骨大孔开始，暴露出骨神经，进行检查。将肾脏刮去，可很好地暴露体腔内的坐骨神经丛。臂神经丛位于胸腔入口两侧，也很容易找到。有时还须对整个迷走神经进行检查。正常的坐骨神经应当是白色的、条纹清晰可见，而异常的坐骨神经呈黄色、条纹不清、肿胀；有些坐骨神经外观无明显的病变，需要用显微镜才能观察到病变。

（11）检查肋骨软骨的交界处，是否肿胀，有无形成串珠。纵向切开长骨骨骺，检查有无异常的钙化过程。通过弯曲和折断，测定胫跗骨的坚硬度，检查有无营养缺乏症。用骨钳切断骨骼，检查骨骼的发育情况和骨髓状况。

（12）切开关节，检查关节黏液、渗出物及腱鞘的情况，观察有无异常变化和出血等。

附录三　鸡新城疫抗体效价检测技术

一、原　理

新城疫病毒表面含有血凝素，能与鸡红细胞表面的黏蛋白受体结合，使红细胞发生凝集，称为血凝现象（HA）。新城疫病毒凝集红细胞的现象，能被新城疫抗体所抑制，称为血凝抑制现象（HI）。

通过 HA-HI 试验，可用已知血清鉴定未知病毒，也可用已知病毒检查被检血清中的相应抗体效价。

二、生产中的应用

（1）检测血清中的抗体水平，根据抗体效价的水平确定免疫时机。

（2）免疫后及时监测，确认免疫效果。

（3）辅助诊断病毒性疾病。

三、实验材料

1. 器材　96 孔（8 × 12）V 形反应板，25 毫升、50 毫升微量移液器，微量振荡器，离心机等。

2. 稀释液　灭菌的生理盐水或 pH 值 7.0～7.2 磷酸盐缓冲液（PBS）。

3. 抗原　鸡新城疫浓缩抗原。

4. 1.0% 红细胞悬浮液 由翅静脉或心脏采成年鸡血，放入含有抗凝剂的灭菌试管（按每毫升血液加入 3.8% 灭菌柠檬酸钠 0.2 毫升）内，迅速混匀。将血液注入离心管中，经 2000 转 / 分离心 5 分钟，用吸管吸去上层血浆和中间层的白细胞薄膜，将沉淀的红细胞加生理盐水洗涤。再离心 5 分钟，弃去上清液，再加稀释液洗涤。如此反复洗涤 5 次。将最后一次离心后的红细胞泥，用稀释液配制成 1.0% 红细胞悬液。

5. 被检血清 将被检鸡群编号登记，可用孔径 2～3 毫米塑料管由翅静脉采血，在室温静置或离心，待血清析出后使用。

四、操 作

1. 血凝试验（HI） 主要是测定病毒的红细胞凝集价，以确定凝集抑制试验所用病毒的稀释倍数（抗原单位）。

（1）加稀释液：用微量移液器向反应板的第 1～12 孔各加稀释液 50 微升。

（2）用倍比稀释法稀释病毒抗原：首先用稀释液将鸡新城疫浓缩抗原做 5 倍稀释。然后用微量移液器吸取 5 倍稀释的抗原 50 微升于第 1 孔中，并反复吹打 4～5 次，混匀后吸出 50 微升至第 2 孔……依次倍比稀释到第 11 孔，从第 11 孔吸出 50 微升弃去；第 12 孔不加抗原作为红细胞对照（附表 3–1）。

（3）加 1% 鸡红细胞悬液：用微量移液器向 1～12 孔各加 1% 红细胞悬液 50 微升。

（4）在振荡器上振荡 1～2 分钟，室温下静置 20 分钟后观察结果。

（5）结果观察。

附表 3-1　血凝试验操作

孔号	1	2	3	4	5	6	7	8	9	10	11	12
待检血清稀释度	1∶2	1∶4	1∶8	1∶16	1∶32	1∶64	1∶128	1∶256	1∶512	1∶1024	1∶2048	红细胞对照
稀释液	50	50	50	50	50	50	50	50	50	50	50	50
病毒液	50	50	50	50	50	50	50	50	50	50	50	弃去 50
0.5%红细胞悬液	50	50	50	50	50	50	50	50	50	50	50	50
作用时间与温度	振荡器振荡 1～2 分钟，18～25℃静置 20～30 分钟											

观察方法：将反应板倾斜 45°，沉于管底的红细胞沿着倾斜面向下呈线状流动者为沉淀，表明红细胞未被或不完全被病毒凝集；如果孔底的红细胞铺平孔底，凝成均匀薄层，倾斜后红细胞不流动，说明红细胞被病毒所凝集。

在对照成立的情况下，判定结果。第 12 孔红细胞对照应无自凝现象。

凝集价判定：以出现完全凝集的抗原最大稀释倍数，为该抗原的血凝滴度。每次 4 排重复，以几何均值表示结果。

2. 计算含 4 个血凝单位的抗原浓度　配制 4 单位抗原时，抗原应稀释的倍数＝血凝滴度 /4。

如果上例病毒液的血凝效价为 1∶256。血凝抑制试验时，病毒抗原液须含 4 个凝集单位，则应将原病毒液做 256/4（即 64）倍的稀释，即取 0.1 毫升抗原，加入 6.3 毫升生理盐水。

3. 血凝抑制试验（HI）

（1）加稀释液：用微量移液器向反应板的第 1～11 孔各加

稀释液 25 微升。

（2）倍比稀释被检血清。用移液器吸取被检血清 25 微升注入第 1 孔并反复吹打 4～5 次，混匀后吸出 25 微升至第 2 孔……依次倍比稀释到第 10 孔，从第 10 孔吸出 25 微升弃去。这样血清稀释倍数依次为 1∶2～1∶1024（附表 3–2）。

附表 3–2　凝集抑制试验操作

孔号	1	2	3	4	5	6	7	8	9	10	11	12
待检血清稀释度	1∶2	1∶4	1∶8	1∶16	1∶32	1∶64	1∶128	1∶256	1∶512	1∶1024	抗原对照	阳性血清对照
稀释待检血清	25 25	25 25	25 25	25 25	25 25	25 25	25 25	25 25	25 25	25 25	25 弃去	25
4 单位抗原	25	25	25	25	25	25	25	25	25	25	25	25
作用时间与温度	振荡器振荡 1～2 分钟，18～25℃静置 20～30 分钟											
1% 红细胞悬液	25	25	25	25	25	25	25	25	25	25	25	25
作用时间与温度	振荡器振荡 1～2 分钟，18～25℃静置 20～30 分钟											

（3）设立对照：第 11 孔不加血清作抗原对照，第 12 孔加新城疫阳性血清 25 微升，作为血清对照。

（4）加 4 单位抗原：用微量移液器向反应板的第 1～12 孔各加 25 微升 4 单位抗原。

（5）置振荡器上振荡 1～2 分钟，室温下静置 20 分钟。

（6）加1%鸡红细胞悬液：用微量移液器向1～12孔各加1%红细胞悬液 25 微升。

（7）在振荡器上振荡 1～2 分钟，室温下静置 20 分钟后观察结果。

凝集抑制价判定：能将 4 单位抗原凝集红细胞的作用完全被抑制的血清最高稀释倍数，称为该血清的凝集抑制效价，即 HI 效价。凝集抑制价用被检血清的稀释倍数或以 2 为底的对数（1g2）表示。如果上例中，第 1～6 孔完全不凝集，第 7～10 孔凝集。对照第 11 孔红细胞完全凝集；对照第 12 孔红细胞完全不凝集。那么，该血清的凝集抑制价为 1∶64 或血凝抑制效价为 61g2。

在对照成立的情况下，判定结果。对照第 11 孔为抗原对照孔，红细胞一定凝集；对照第 12 孔为血清对照孔，红细胞一定不凝集。

五、结果分析

（1）一般认为鸡的新城疫免疫临界水平为 1∶32（即 51g2 成年）或 1∶64（即 61g2 雏鸡），但随地区不同而有差异。

（2）鸡血清的血凝抑制抗体效价全部高于 61g2 时，可适当推迟新城疫免疫的时间，血凝抑制抗体效价在 41g2 以下时，须马上进行新城疫疫苗接种，在新城疫流行的地区或鸡场，鸡的免疫临界水平应再提高。

（3）鸡群的血凝抑制抗体水平是以抽样样品的血凝抑制抗体效价的平均值表示。平均值在 61g2 以上，说明鸡群为免疫鸡群。若检样中血凝抑制抗体效价的最高值与最低值相差太大，应根据临界水平以下的样品数在全部样品中所占的百分比决定免疫与否。

（4）大型养鸡场每次进行抽检时，抽检率一般不低于 0.1%；小型鸡群抽样率应有所增加，一般认为理想的抽样率为 2%。

（5）鸡群接种新城疫疫苗后，经 2～3 周测定血清中的血凝抑制抗体效价，若提高 2 个滴度以上，表示鸡的免疫应答良好，疫苗接种成功；若血凝抑制抗体效价无明显提高，表示免疫失败。

附录四 鸡白痢检测技术

一、概 述

鸡白痢是由鸡白痢沙门菌引起的一种细菌性传染病，给养禽业的发展带来严重危害。该病既可以水平传播，即通过病雏排出的粪便污染环境感染健康雏鸡；也可以垂直传播，在成年鸡生殖系统中含有病原菌，卵巢和睾丸中含大量病菌，因此，种蛋中带有病菌，部分鸡胚感染后死亡，多数可以出雏，这部分雏鸡多在出雏后1周内发病。

为了防止种蛋的垂直传播，每年春秋两季采用全血平板凝集试验对种鸡进行检疫。同时采用本法不定期地实行抽检，淘汰阳性鸡和可疑鸡，净化种鸡群，建立无鸡白痢种鸡群。

二、原 理

颗粒性抗原与相应抗体结合后，在有电解质存在时，抗原颗粒互相凝聚成肉眼可见的凝集小块。参与反应的抗原称为凝集原，抗体称为凝集素。

三、器 材

（1）抗原：鸡白痢鸡伤寒多价染色平板抗原。

（2）参考血清：强阳性血清、弱阳性血清、阴性血清。

（3）被检鸡。

（4）材料：滴管、移液器（带吸头）或取血环、酒精灯、采血针头、纱布、酒精棉球、载玻片（或玻璃板）。

四、操 作

1. 对照试验 每批鸡白痢鸡伤寒多价染色平板抗原（以下

简称抗原），在检测开始前先做对照试验，用滴管吸取抗原液，在玻璃板上划分3个方格，各垂直滴抗原液1滴（相当于0.05毫升），分别滴加强阳性血清、弱阳性血液及阴性血清各1滴（0.05毫升），混合均匀，在2分钟内，强阳性血清应出现100%凝集（++++）；弱阳性血清出现50%凝集（++）；阴性血清不凝集（–），方可进行检测工作。

2. 检测 在玻璃板上，滴加抗原液1滴（约0.05毫升），用针头刺破鸡翅静脉，待血液流出后，立即用灭菌取血环取2满环血（约0.05毫升）或用移液器吸取0.05毫升血液放入抗原液中，混合均匀，并摊开至直径约2厘米为度，轻轻摇动反应板，仔细观察。

3. 结果判定

抗原和血液混合后，在2分钟内判定结果。发生50%（++）以上凝集者为阳性，不发生凝集者为阴性，介于上述两者之间为可疑。

全血平板凝集反应判读标准如下：

（1）出现大的凝集块，底质清亮，即100%凝集（++++）。

（2）出现明显凝集块，底质稍有浑浊，即75%凝集（+++）。

（3）出现可见的凝集颗粒，底质浑浊，即50%凝集（++）。

（4）底质极浑浊，出现稍可见的微细颗粒，即25%凝集（+），判为可疑。

（5）底质均匀一致极浑浊，无凝集现象，即不凝集（–），判为阴性。

（6）结果统计与分析：根据抽检结果，计算出阳性鸡的阳性率（%）。

五、注意事项

（1）抗原在使用前必须充分摇匀后，方可使用。

（2）本试验最适在20℃左右进行。

（3）采血针与取血环每使用一次，要用酒精棉擦去血液，并通过火焰灭菌后，再次使用；移液器上的吸头，每取一次血样，更换一个吸头。

（4）本抗原适用于产卵母鸡及1年以上公鸡，幼龄鸡敏感度较差。

附录五　鸡病临床症状、病理变化对照表

临床症状或病理变化	提示主要疾病
饮水量剧增	长期缺水、热应激、球虫病早期、饲料中食盐含量过高、其他热性病
饮水明显减少	温度过低、濒死期
红色粪便	球虫病、出血性肠炎
白色黏性粪便	鸡白痢、痛风、尿酸盐代谢障碍、传染性支气管炎
硫黄样粪便	组织滴虫病（黑头病）
黄绿色带黏液粪便	鸡新城疫、禽流感、禽霍乱、卡氏白细胞虫病
水样稀薄粪便	饮水过多、饲料中镁离子过多、轮状病毒感染
病程短、突然死亡	禽霍乱、卡氏白细胞虫病、中毒病
死亡集中在中午到午夜前	中暑（热应激）
瘫痪，一脚向前一脚向后	马立克氏病
1月龄内雏鸡瘫痪、头颈震颤	传染性脑脊髓炎、新城疫
扭颈、抬头望天、前冲后退、转圈运动	鸡新城疫、维生素E硒缺乏、维生素B_1缺乏
颈麻痹、头颈平铺地面上	肉毒梭菌毒素中毒
趾向内侧卷曲	维生素B_2缺乏
腿骨弯曲、运动障碍、关节肿大	维生素D缺乏、钙磷缺乏、病毒性关节炎、滑膜支原体病、葡萄球菌病、锰缺乏、胆碱缺乏
瘫痪	笼养鸡疲劳综合征、维生素E或硒缺乏、鸡新城疫、濒死期、马立克氏病
高度兴奋、不断奔走鸣叫	药物、毒物中毒初期
张口伸颈呼吸、有怪叫声	鸡新城疫、传染性喉气管炎、禽流感
冠有痘痂、痘斑	鸡痘、皮肤创伤
冠苍白	卡氏白细胞虫病、白血病、营养缺乏

续表

临床症状或病理变化	提示主要疾病
冠紫蓝色	败血病、中毒病、濒死期
冠有白色斑点或白色斑块	冠癣
冠萎缩	白血病、喹乙醇中毒、庆大霉素中毒
肉髯水肿	慢性禽霍乱、传染性鼻炎
眼结膜充血	中暑、传染性喉气管炎
眼虹膜褪色、瞳孔缩小	马立克氏病
眼角膜晶状体浑浊	传染性脑脊髓炎、马立克氏病
眼结膜肿胀、眼睑下有干酪样物	大肠杆菌病、慢性呼吸道病、传染性喉气管炎、曲霉菌病、维生素 A 缺乏
眼流泪，眼内有虫体	眼线虫病、眼吸虫病
鼻流黏性或脓性分泌物	传染性鼻炎、慢性呼吸道病
喙角质软化	钙、磷或维生素 D 缺乏
喙交叉、上弯、下弯、畸形	营养缺乏、遗传性疾病、光过敏
口腔黏膜坏死、有假膜	鸡痘、毛滴虫病、念珠菌病
口腔内有带血黏液	卡氏白细胞虫病、传染性喉气管炎、急性禽霍乱、鸡新城疫、禽流感
羽毛断碎、脱落	啄癖、体外寄生虫病、换羽季节、营养缺乏（锌、生物素、泛酸等）
纯种鸡长出异色羽毛	遗传病，维生素 D、叶酸、铜和铁等缺乏
羽毛边缘卷曲	维生素 B_2 缺乏、锌缺乏
脚鳞片隆起、有白色痂片	鸡螨
脚底肿胀	鸡趾瘤
脚出血	创伤、啄癖、禽流感、白血病
皮肤有紫蓝色斑块	维生素 E 和硒缺乏、葡萄球菌病、坏疽性皮炎、尸绿
皮肤痘痂、痘斑	鸡痘
皮肤粗糙，眼角、嘴角有痂皮	泛酸缺乏、生物素缺乏、体外寄生虫病

续表

临床症状或病理变化	提示主要疾病
皮肤出血	维生素K缺乏、卡氏白细胞虫病、某些传染病、中毒病
皮下气肿	阉割、剧烈活动等引起气囊膜破裂
受精率低	种蛋陈旧、剧烈震动、保存条件不当，公鸡太老、跛行、营养缺乏、热应激，母鸡营养缺乏，某些传染病，近亲繁殖
畸形蛋	鸡新城疫、传染性支气管炎、减蛋综合征、初产蛋、老龄禽
软壳蛋、薄壳蛋	钙和磷不足或比例不当、维生素D缺乏、鸡新城疫、传染性支气管炎、减蛋综合征、毛滴虫病、老年禽、大量使用某些药物、营养缺乏
粗蛋壳	鸡新城疫、传染性支气管炎、钙过多、大量使用某些药物、老龄禽、禽流感
白蛋壳或黄蛋壳	大量使用四环素或某些带黄色易沉积的物质
蛋壳棕色、褪色	使用某些抗球虫药药物，鸡新城疫，传染性喉气管炎
花斑样蛋壳	遗传因素、产蛋箱不清洁、霉菌感染
气室松弛	粗暴处理、传染病、蛋白稀薄、陈旧蛋
蛋白粉红色	饲料中棉籽饼含量过高、饮水中铁离子含量偏高、腐败菌作用
蛋白稀薄	传染性支气管炎、鸡新城疫、使用磺胺药或某些驱虫药、老龄禽、腐败菌污染
蛋白云雾状	贮存温度过低
蛋白内有气泡	运输震动
蛋白有异味	饲料中鱼粉含量过高、药物、蛋腐败
蛋白有血斑、肉斑	生殖道出血、维生素A缺乏、不适当光照、巨响声音、遗传因素
系带松弛或断脱	陈旧蛋、营养缺乏
蛋黄稀薄	陈旧蛋、营养缺乏

续表

临床症状或病理变化	提示主要疾病
蛋黄橙红色	饲料中棉籽饼或某些色素物质偏高
蛋黄灰白色	某些传染病影响，饲料缺乏黄色素及维生素 A、B 族维生素缺乏等
蛋黄绿色	饲料中叶绿素过多
蛋黄有异味	饲料中鱼粉过高或其他有异味的饲料和药物、蛋腐败
蛋黄有血斑、肉斑	生殖道出血、维生素 A 缺乏、不适当光照、异常声音、遗传因素
蛋黄乳酪样	贮存温度过低、饲料中棉籽饼过多
产蛋率从开产起一直偏低	遗传性、体重超重、营养不良、鸡传染性支气管炎等
产蛋率突然下降	减蛋综合征、鸡新城疫、高温环境、中毒、使用某些药物、其他疾病影响
胸骨“S”状弯曲	维生素 D 缺乏、钙和磷缺乏或比例不当
胸骨囊肿	滑膜囊支原体病、地面不平、垫料粗糙
肌肉过分苍白	死前放血、贫血、内出血、卡氏白细胞虫病、脂肪肝综合征
肌肉干燥无黏性	失水、缺水、肾型传染性支气管炎、痛风
肌肉有白色条纹	维生素 E 和硒缺乏
肌肉出血	传染性法氏囊病、卡氏白细胞虫病、黄曲霉毒素中毒
肌肉白色大头针帽大小的白点	鸡卡氏白细胞虫病
肌肉腐败	葡萄球菌病、厌气杆菌感染
腹水过多	肉鸡腹水综合征、肝硬化、黄曲霉毒素中毒、大肠杆菌病
腹腔内有血液或凝血块	内出血、卡氏白细胞虫病、白血病、脂肪肝
腹腔内有纤维素或干酪样渗出物	大肠杆菌病、鸡毒支原体病
气囊膜浑浊并有干酪样附着物	鸡毒支原体病、大肠杆菌病、鸡新城疫、曲霉菌病

续表

临床症状或病理变化	提示主要疾病
心肌有白色小结节	鸡白痢、马立克氏病、卡氏白细胞虫病
心肌有白色坏死条纹	禽流感
心冠沟脂肪出血	禽霍乱、细菌性感染、中毒病
心包粘连、心包液浑浊	大肠杆菌病、鸡毒支原体病
心包液及心肌上有尿酸盐沉积	痛风
肝肿大、有结节	马立克氏病、禽白血病、寄生虫病、结核病
肝肿大、有点状或斑状坏死	禽霍乱、鸡白痢、黑头病
肝肿大，有假膜、出血点、出血斑、血肿和坏死点等	大肠杆菌病、鸡毒支原体病、弯杆菌性肝炎、脂肪肝综合征
肝硬化	慢性黄曲霉毒素中毒、寄生虫病
肝胆管内有寄生虫体	吸虫病
脾肿大、有结节	禽白血病、马立克氏病、结核病
脾肿大、有坏死点	鸡白痢、大肠杆菌病
脾萎缩	免疫抑制药物、白血病
胰脏坏死	鸡新城疫、禽流感
食道黏膜坏死或有假膜	毛滴虫病、念珠菌病、维生素 A 缺乏
嗉囊内黏膜有假膜	毛滴虫病、念珠菌病
腺胃呈球状、增大、增厚	马立克氏病、线虫病、传染性腺胃炎、网状内皮增殖病毒感染
腺胃有小坏死结节	鸡白痢、马立克氏病、毛滴虫病
腺胃乳状出血	鸡新城疫、禽流感、鸡传染性囊病、马立克氏病
肌胃肌层有白色结节	鸡白痢、马立克氏病、传染性脑脊髓炎
肌胃角膜下溃疡、出血	鸡新城疫、禽流感、鸡传染性囊病、痢菌净中毒
小肠黏膜充血、出血	鸡新城疫、禽流感、球虫病、卡氏白细胞虫病、禽霍乱
小肠壁小结节	鸡白痢杆、马立克氏病

续表

临床症状或病理变化	提示主要疾病
小肠黏膜出血、溃疡、坏死	溃疡性肠炎、坏死性肠炎、新城疫、禽流感
小肠肠腔内有寄生虫	线虫病、绦虫病
盲肠黏膜出血、肠腔内有鲜血	球虫病
盲肠出血、溃疡	组织滴虫病
泄殖腔水肿、充血、出血、坏死	鸡新城疫、禽流感、寄生虫病、细菌性感染
喉头黏膜充血、出血	鸡新城疫、禽流感、传染性喉气管炎、禽霍乱
喉头有环状干酪样物附着、易剥离	传染性喉气管炎、慢性呼吸道病
喉头黏膜有假膜紧紧粘连	鸡痘
气管、支气管黏膜充血、出血	传染性支气管炎、鸡新城疫、禽流感、寄生虫病
气管、支气管内黏液增多	呼吸道感染
肺有细小结节、呈肉样	马立克氏病、白血病
肺内或表面有黄色、黑色结节	曲霉菌病、结核病、鸡白痢
肺淤血、出血	卡氏白细胞虫病、某些传染病
肾肿大、有结节状突起	禽白血病、马立克氏病
肾出血	卡氏白细胞虫病、脂肪肝综合征、鸡传染性法氏囊病、中毒
肾肿大、有尿酸盐沉积	传染性支气管炎、鸡传染性囊病、磺胺类药中毒、其他中毒、痛风
输尿管内有尿酸盐沉积	传染性支气管炎、鸡传染性囊病、磺胺类药中毒、其他中毒、痛风
卵巢肿大、有结节	马立克氏病、禽白血病
卵巢、卵泡充血、出血	鸡白痢、大肠杆菌病、禽霍乱、其他传染病
左侧输卵管细小	传染性支气管炎、停产期、未性成熟
输卵管充血、出血	滴虫病、鸡白痢、鸡毒支原体感染
法氏囊肿大、出血、流出物增多	禽流感、禽白血病、鸡传染性囊病
脑膜充血、出血	中暑、细菌性感染、中毒

续表

临床症状或病理变化	提示主要疾病
小脑出血、脑回展平	维生素E和硒缺乏
腿翅骨髓黄色	卡氏白细胞虫病、磺胺类药中毒、贫血
腿翅骨质松软	钙、磷和维生素D等营养缺乏病
腿脱腱	锰或胆碱缺乏
腿关节炎	葡萄球菌病、大肠杆菌病、滑膜囊支原体病、病毒性关节炎、营养缺乏病
臂神经和坐骨神经肿胀	马立克氏病、维生素 B_2 缺乏